# 超綺麗！甜貓教你玩 3D立體糖霜

甜貓小姐 Sugar Cat ／著

## 10堂課創造屬於自己的夢幻作品

# CONTENT

# Chapter 1
# 基本工具

要搭建完美的房子，器材的準備當然不能馬
虎。手把手一起溫習一遍餅乾、糖霜、色膏、
繪製等基本功，讓從裡到外的每個細節，都讓
人愛不釋手。

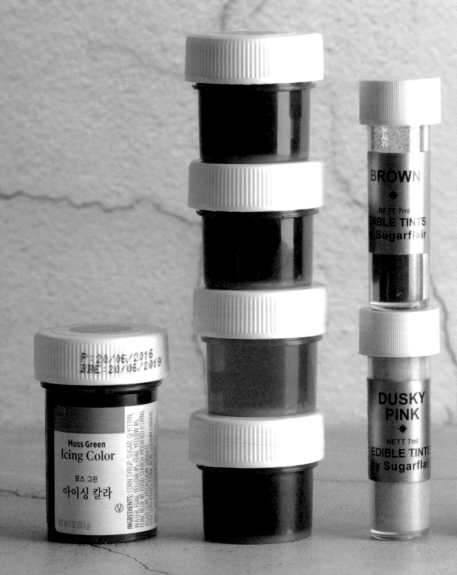

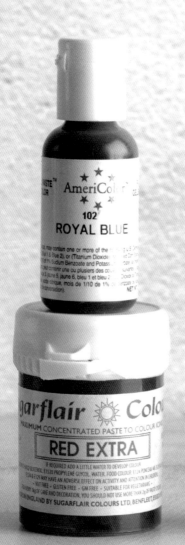

## About Cookie

# 關於餅乾

| 使用<br>工具 | ○ 1. 電子秤 | ○ 7. 矽膠不沾烤盤墊 |
|---|---|---|
| | ○ 2. 網篩 | ○ 8. 矽膠透氣網墊 |
| | ○ 3. 攪拌機 | ○ 9. 塑膠袋 |
| | ○ 4. 攪拌槳 | ○ 10. 烤盤 |
| | ○ 5. 刮刀 | ○ 11. 餅乾模型 |
| | ○ 6. 可調式桿麵棍 | ○ 12. 半圓形矽膠模矽膠模：<br>4 公分，6 公分，7 公分 |

**奶油餅乾** 食譜

1. 無鹽奶油 125g　　4. 常溫雞蛋 1 個

2. 糖粉 90g　　　　5. 低筋麵粉 300g

3. 鹽少許

Step ① 麵團打法步驟：

| 1 | 2 | 3 |
| --- | --- | --- |

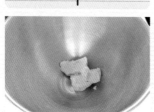

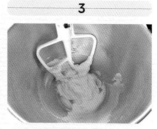

**餅乾麵團製作：**奶油常溫軟化。

加入過篩後的糖粉。

以中速攪拌均勻。

| 4 | 5 | 6 |
| --- | --- | --- |

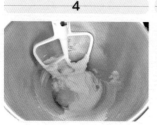

加入常溫雞蛋。

使用中速，剛開始攪拌會有油水分離的現象，使用常溫雞蛋，就可以縮短雞蛋與奶油融合的時間。

混和均勻，成滑順狀。

| 7 | 8 | 9 |
|---|---|---|
|  |  |  |
| 加入低筋麵粉。 | 以低速攪拌，當看不見低筋麵粉就可以停止攪拌，時間約 40 秒，攪拌時間過長會造成麵團出筋（烘烤餅乾容易變形或縮小）。 | 裝入袋子或使用保鮮膜包好。 |

| 10 |
|---|
|  |
| 使用桿麵棍將麵團壓緊實，放置冷藏鬆弛麵團，隔日使用。 |

## Step ② 麵團整型壓模技巧

| 1 | 2 | 3 |
|---|---|---|
|  |  |  |
| 準備鬆弛完全麵團，可調厚度桿麵棍（厚度 0.6 公分），手粉（高筋麵粉），矽膠不沾烤盤墊。 | 將少量手粉灑在烤盤墊上，可防止麵團沾黏。 | 再放上麵團，麵團上方也灑上一點手粉，防止沾黏在桿麵棍上。 |

| 4 | 5 | 6 |
|---|---|---|

將麵團桿開,並變換桿麵皮的方向,讓麵糰可以平均延伸開,如麵糰沾黏,記得灑手粉。

完成桿餅皮,放置冷藏或冷凍,待冰硬約 10～20 分鐘,有助於後面壓模步驟操作。

餅乾模先沾手粉,再按壓在麵皮上方,有助脫模,如麵皮已經軟化,請停止壓模動作,將麵皮回冰,等待麵皮硬化,再繼續進行動作。

| 7 | 8 | 9 |
|---|---|---|

壓模好的餅皮放置在耐熱透氣網布墊上。

將壓好的餅皮放置冷藏或冷凍,冰硬約 10～20 分鐘,再進烤箱。

烤箱預熱 160 度,待烘烤約 20～30 分鐘,烘烤至上色即可。

| 10 |
|---|

**為何用耐熱透氣網布墊?**

使用耐熱透氣網布墊,可以讓餅乾受熱均勻,烘烤出平整的背面,有助於糖霜餅乾繪製。

## 薑餅餅乾 食譜

1. 無鹽奶油 100g
2. 黑糖粉 175g
3. 常溫雞蛋 1 個
4. 蜂蜜 90g
5. 肉桂粉 5g
6. 薑粉 5g
7. 鹽 2g
8. 泡打粉 2/1t
9. 中筋麵粉 360g

## Step 1 製作麵團步驟:

**1**

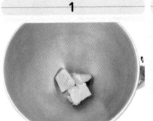

奶油常溫軟化。

**2**

加入過篩後的黑糖粉。

**3**

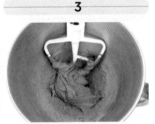

以中速攪拌均勻。

**4**

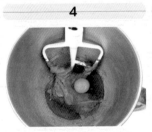

加入常溫雞蛋跟蜂蜜。

**5**

使用中速,攪打均勻成稠狀。

**6**

加入肉桂粉、薑粉、鹽、泡打粉、中筋麵粉。

| 7 | 8 | 9 |
|---|---|---|
| 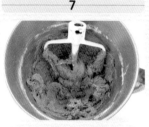 |  |  |
| 加入常溫雞蛋跟蜂蜜。 | 使用中速,攪打均勻成稠狀。 | 加入肉桂粉、薑粉、鹽、泡打粉、中筋麵粉。 |

## Step ② 麵團整型壓模技巧

| 1 | 2 | 3 |
|---|---|---|
|  |  |  |
| 準備鬆弛完全麵團、可調厚度桿麵棍(厚度 0.6 公分)、手粉(高筋麵粉)、矽膠不沾烤盤墊。 | 將手粉灑在烤盤墊上,可防止麵團沾黏(由於材料有加入蜂蜜,所以整體麵團偏軟及容易沾黏,必要時多灑點手粉)。 | 將麵團桿開,並變換桿麵皮的方向,讓麵糰可以平均延伸開,如麵糰沾黏,記得灑手粉。 |

| 4 | 5 |
|---|---|
|  |  |

完成桿餅皮，放置冷藏或冷凍，待冰硬約 10～20 分鐘。

餅乾模先沾手粉，再按壓在麵皮上方，有助脫模

**半球形矽膠模搭配的餅乾模：**
- 7 公分矽膠模搭配 10.3 公分餅乾模。
- 6 公分矽膠模搭配 9 公分餅乾模。
- 4 公分矽膠模搭配 6 公分餅乾模。

| 6 | 7 | 8 |
|---|---|---|
|  |  |  |

準備好要使用的半球形矽膠模，將餅皮覆蓋在上方，稍微靜置一下，等餅皮自然垂落。

用手掌將餅皮貼合模具，如沾黏再灑點手粉。

將整型好的餅皮放置冷藏或冷凍，待冰硬約 10～20 分鐘，再放進烤箱。

| 9 |
|---|
|  |

烤箱預熱 160 度，待烘烤約 20～30 分鐘，烘烤至上色即可。

# *About Icing*

# 關於糖霜

〰

| 使用<br>工具 | | | | 食譜 | |
|---|---|---|---|---|---|
| ○ 1. 電子秤 | ○ 6. 保鮮膜 | | | ○ 1. 特白糖粉 250g | |
| ○ 2. 網篩 | ○ 7. 保鮮盒 | | | ○ 2. Wilton 蛋白粉 12.5g | |
| ○ 3. 攪拌機 | | | | ○ 3. 飲用水 32g | |
| ○ 4. 攪拌槳 | | | | | |
| ○ 5. 刮刀 | | | | | |

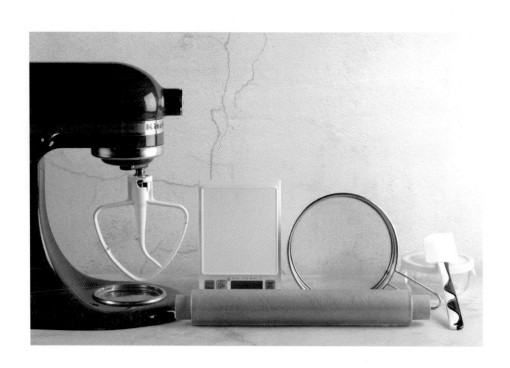

**Step ① 糖霜製作步驟：**

| 1 | 2 | 3 |
|---|---|---|
|  |  |  |
| 將糖粉過篩，全部材料放入鋼盆內。 | 使用攪拌槳稍微混合一下，可避免直接攪拌導致粉塵飛起來。 | 先使用中速攪打約 2 分鐘，停下來稍微刮鋼，改換高速攪打約 5 分鐘。 |

| 4 | 5 |
|---|---|
| （有打發）（未打發） |  |
| 完全打發的糖霜，糖霜尖端呈現直立狀，表面有粗糙感。沒打發的狀態：尖端無法直立，表面滑順。 | 打好的糖霜，裝入可以密封的容器中。 |

| 6 | 7 |
|---|---|
|  |  |
| 使用包鮮膜包覆。 | 蓋上蓋子，確實密封，冷藏可以保存一週。 |

**貼心小叮嚀**

如超過一週不會使用的糖霜，可以冷凍保存，使用時提前一天放置冷藏解凍，即可使用。

# 糖霜乾中濃濕
## 用途大不同

&

　　甜貓將自己習慣使用糖霜分為四種：**乾性、中性、濃性、濕性**，分別將特性及用途做以下分類，調製糖霜主要就是加入水份多寡來控制濃稠度，水份越多，糖霜越濕（軟）。調製糖霜沒有一定標準，看用途及自己習慣，找到自己好操作的糖霜，善加利用才是重要的。

**乾性**

**乾性**　表面粗糙感，尖端呈現硬挺
**用途**　✓擠花　✓木紋　✓粗礦材質

木紋

擠花

**中性**

**中性**　表面略光滑感，尖端成鉤狀下垂，但不會軟塌
**用途**　✓寫字　✓拉邊線　✓裝飾線
✓黏貼模板（可以依造個人習慣調整軟硬）

寫字

裝飾線

模板

**濃性**

**濃性**　滑順成軟塌狀，糖霜紋路無法自動與下方糖霜融合，需要透過晃動才能轉為平坦
**用途**　✓糖片製作　✓球面淋面

糖片

球面淋面

**濕性**

**濃性**　糖霜流動速度約5～7秒左右，可攤平
**用途**　✓大面積填色　✓濕加濕技巧
✓拉花技巧

濕加濕拉花

濕加濕拉花

# 糖霜乾中濃濕調製方法

### 1

準備打好的乾性糖霜，表面呈現粗糙感。

### 2

加入少許飲用水，軟化乾性糖霜。

### 3

使用小刮刀均勻攪拌。

### 4

挖起糖霜，尖端成彎曲鉤狀，即可完成**中性糖霜**。

### 5

再加入適量的水均勻攪拌，拉一條糖霜辨識糖霜下沉速度，觀察糖霜以緩慢速度與下方糖霜做融合。

注意：調製濕性糖霜時，攪拌動作要以按壓方式攪拌，切勿大動作且快速攪拌，容易產生很多小氣泡。

### 6

**糖霜下沉融和速度：**
濃性糖霜：約15秒。
濕性糖霜：約5～7秒。

### 7

可透過小小輕晃讓糖霜轉為平坦，即可成為濕性糖霜。

# 甜貓專屬
# 調色盤

不同品牌的色膏顯色度都不同，甜貓偏好使用以下色膏調色，提供給大家參考：

檸檬黃色
Wilton:Lemon
yellow

金黃色
Wilton:Golden
yellow

金色
Wilton:Brown
＋ Golden
yellow 1：2

天空藍
Wilton:Sky
Blue

桃紅色
Wilton:Rose

酒紅色
Wilton:
Burgundy

蒂芬尼藍
Wilton:Teal

棕色
Wilton:Brown

紫色
Wilton:Violet

綠色
Wilton:Moss
green

橘色
Americolor:
Orange

巧克力棕
Americolor:
Chocolate
Brown

皇家藍
Americolor:
Royal Blue

紅色
Sugarflair:
Red extra

黑色
竹炭粉

## 調色方式

準備要使用的色膏及牙籤。

使用牙籤沾取色膏,加入糖霜中,色膏多寡影響糖霜顏色深淺。

均勻攪拌,即可完成調色。

## 糖霜分裝

1

**擠花袋**:材質硬適合裝乾性、中性。**三明治袋**:材質軟,適合裝濃性、濕性。

2

準備擠花袋或三明治袋,杯子。

3

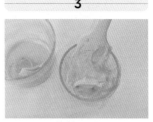

將擠花袋套在杯子上固定,方便填裝。

4

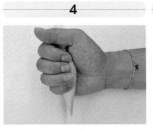

再將適量的糖霜裝入袋中。

5

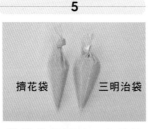

擠花袋　　　三明治袋

將擠花袋打結,多餘的袋子剪掉即可完成。

# 繪製基本功

糖霜繪製步驟：
框邊線 → 填色 → 烘烤

**1**

使用中性糖霜，花嘴口距離餅乾表面約 2 公分高度。

**2**

沿餅乾邊繞擠糖霜一圈。

**3**

使用濕性糖霜沿著邊框繞擠。

**4**

以旋轉方式填滿中間空位。

**5**

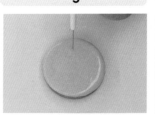

使用筆針檢視是否有小氣泡（灰色小圓點，就是氣泡）。

**6**

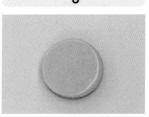

可透過輕晃讓表面平整。

**7**

從側面檢視，糖霜表面要是飽滿狀態，即可送烤箱低溫 50 度烘烤。

**8**

以 6 公分餅乾來說，烘烤時間約 3～4 小時才能全乾。

**9**

成品表面是要平坦且飽滿的。

# Q&A

# 糖霜診療室

針對學生常遇到的問題
做解答分享

### 糖霜成品是否缺少了光澤感呢？ Q

如果你有使用烤箱烘烤，但糖霜表面還是無光澤感，那得需注意一下烤箱溫度設定。你的溫度設定可能太低囉！烘烤溫度影響糖霜表面光澤。

■ 烤箱溫度設定約20～35度：(或放置常溫)
　糖霜表面將呈現霧面顆粒感，且無光澤感。

■ 烤箱溫度設定約40～50度：
　糖霜表面有光澤感，且顏色較白。

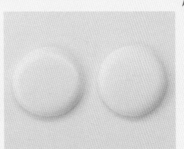

### Q 糖霜才烘烤一小時白色糖霜就出現泛黃現象嗎？

這種泛黃的現象，白色及淡色糖霜特別明顯，主要原因出在餅乾體本身太油，經過長時間烘烤，餅乾上的油就會滲出，暈染至糖霜。建議可更換餅乾配方，選擇奶油成份較少的食譜，會比較適合用來繪製糖霜。

### 你的糖霜有確實的打發嗎？ Q

打糖霜是一件非常基本且簡單的工作，但卻是很多新手常忽略，沒打發的糖霜會出現以下問題：

■ 保存不持久，容易消泡，糖霜顏色呈現米黃色。

■ 無法擠出立體的糖花。

所以糖霜務必確實打發，打發的糖霜表面呈現粗糙感，顏色為純白色。

021

**Q** 水彩風繪製糖霜常被侵蝕出微小孔洞嗎？

繪製水彩風技法及金粉刷金，高酒精濃度的伏特加（70% 以上），能快速地將水份揮發，不侵蝕糖霜表面，並將色粉與糖霜緊密貼合。

 **Q** 重色糖霜該加入多少色膏，才會顯色且不過量呢？

如何調出飽和的顏色一直是很多學生的困擾，首先，將糖霜顏色調製到所需的飽和顏色，再少個1～2個色階（使用乾性糖霜）。

再將調色好的糖霜放冰箱冷藏隔日在使用，經過長時間靜置，糖霜與色膏才會充分融合在一起，達到最佳顯色效果。

**如何選擇糖霜用糖粉？** **Q**

對於糖霜來說糖粉的選擇可是影響糖霜繪製首要重點。選擇含糖度高的糖粉（純糖粉，一般市售糖粉大多含玉米澱粉或樹薯粉），可以加快糖霜烘乾速度，也較不容易有塌陷問題產生。由於糖的含量高，所以在攪打糖霜時，加入的水量可能需要減量，避免出現糖霜無法打硬的狀態。

# NOTE

# Chapter 2
# 超綺麗！10 堂餅乾課

餅乾不再只是平面的表現！
詩情畫意的 10 幅作品，
將數不盡的彩蛋埋進收藏者的心裡。

# 歐風
# 玫瑰午茶

SHARE ON

這個下午，因妳的陪伴，
氣氛也甜蜜了起來。

# 工具與色票

工具區塊
**no.1**

**工具
材料**

○ 1. 玉米粉　　　　○ 4. 伏特加（70% 以上）　　　○ 7. 小毛圭筆

○ 2. 玫瑰矽膠模具　○ 5. 筆針　　　　　　　　　　○ 8. 花嘴 13 號

○ 3. 食用金粉　　　○ 6. 食用色素筆　　　　　　　○ 9. 花嘴 264 號

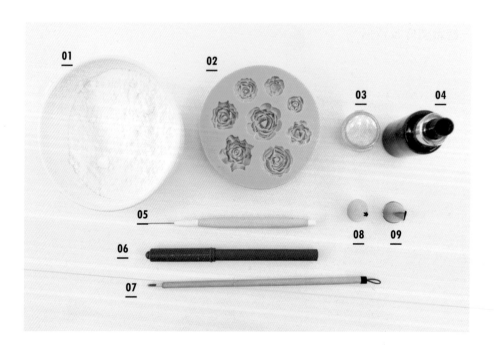

## 裸餅

餅乾模板 P.218

**翻糖色票**

白色　淡粉紅　蒂芬妮藍　綠色

## 糖霜濃度 & 色票

顏色 →

| | 乾性 | 中性 | 濃性 | 濕性 |
|---|---|---|---|---|
| 白色 | | ○ | | ○ |
| 淡粉紅 | | | | ● |
| 帝芬尼藍<br>Wilton:Teal | | ● | | ● |
| 綠色<br>Wilton: Moss green | | | | ● |

濃度 ↓

# LET'S DO IT !!

## Step ❶ 大底座

| 1 | 2 | 3 |
|---|---|---|
|  |  |  |
| 大圓型餅乾。 | 中間繪製6公分圓形草圖。 | 中性糖霜拉邊框。 |

| 4 | 5 | 6 |
|---|---|---|
|  |  |  |
| **玫瑰濕性拉花**：填上濕性糖霜當底色。 | 在底色上，點上白色濕性糖霜圓點。 | 最後在白色圓點上方，再加上粉紅色濕性，畫一個C字型。 |

| 7 | 8 | 9 |
|---|---|---|
|  | 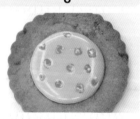 |  |
| 使用筆針螺旋方式攪動，讓紅色及白色混和在一起。 | 做出玫瑰花層次（濕性拉花，筆針只在糖霜表面攪動，不要插太深）。 | 在玫瑰花四周點上綠色濕性糖霜。 |

歐風
玫瑰
午茶

Step
1

Step
2

Step
3

Step
4

Step
5

Step
6

| 10 | 11 | 12 |
|---|---|---|
|  |  |  |
| 使用筆針由內向外拉出葉子的形狀。 | 完成後，待烘烤至全乾。 | **半透明蕾絲布效果**：中性糖霜拉出外圍波浪邊框。 |

| 13 | 14 | 15 |
|---|---|---|
|  |  |  |
| 繪製8個小圓圈線框。 | 在小圓圈的左右，分別繪製水滴線框作為蕾絲布的鏤空位子。 | 將濕性糖霜加一點水稀釋，保留濃稠感。 |

| 16 | 17 | 18 |
|---|---|---|
|  |  |  |
| 準備已經稀釋的糖霜、筆刷。 | 筆刷沾取糖霜，補在裸餅的空處。 | 留下鏤空的位子不要塗糖霜。 |

### 19

完成後即可烘烤至乾。

### 20

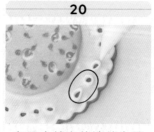

在原本鏤空的邊線上再拉一次邊線。

### 21

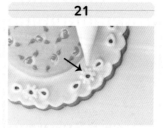

小圓圈的邊緣點上小圓點裝飾。

### 22

加上貝殼裝飾線。

### 23

繞行一圈。

### 24

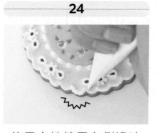

使用中性糖霜在側邊波浪處以 Z 字型移動擠出蕾絲感裝飾。

### 25

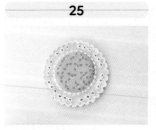

繞行一圈。

### 26

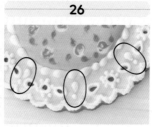

加上單個水滴及圓點在縫隙間。

### 27

完成後待烘烤至乾。

# Step ② 杯子

| 1 |
|---|
|  |
| 準備杯子餅乾。 |

| 2 |
|---|
|  |
| 色素筆打草稿。 |

| 3 |
|---|
|  |
| 中性糖霜描邊框。 |

| 4 |
|---|
|  |
| **玫瑰濕性拉花：**<br>濕性糖霜填上底色。 |

| 5 |
|---|
|  |
| 在上方點綴白色濕性糖霜圓點。 |

| 6 |
|---|
|  |
| 在白色圓點上方，再加上粉紅色濕性糖霜，畫一個C字型。 |

| 7 |
|---|
|  |
| 使用筆針螺旋方式攪動，讓紅色及白色混和再一起，做出玫瑰花層次（濕性拉花，筆針只在糖霜表面攪動，不要插太深）。 |

| 8 |
|---|
|  |
| 在玫瑰花四周點上綠色濕性糖霜。 |

| 9 |
|---|
| 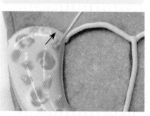 |
| 使用筆針由內向外拉出葉子的形狀。 |

Step ①
Step ②
Step ③
Step ④
Step ⑤
Step ⑥

| 10 | 11 | 12 |
|---|---|---|

右側也比照一樣方式，繪製，繪製完成待烘烤至半乾。

中間重複玫瑰濕性拉花步驟。

白色中性糖霜框邊框。

| 13 | 14 | 15 |
|---|---|---|

濕性填色上緣及盤子，待烘烤至半乾。

再填上杯底的濕性糖霜，烘烤至乾。

中性糖霜做出貝殼裝飾擠花，杯底部分也再次拉邊框。

| 16 | 17 | 18 |
|---|---|---|

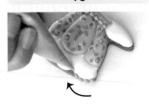  

使用中性糖霜，上緣加上貝殼裝飾擠花。

完成上緣貝殼裝飾擠花。

杯盤左右分別加上 3～4 點水滴裝飾跟圓點。

Step
1

Step
2

Step
3

Step
4

Step
5

Step
6

| 19 | 20 | 21 |
|---|---|---|

**杯把繪製**：乾性糖霜搭
配花嘴 13 號，由中心出
發擠。

沿著餅乾，順時針擠出
糖霜。

收尾。

| 22 | 23 | 24 |
|---|---|---|

在下部加上小水滴。

乾性糖霜搭配花嘴 13
號，擠出貝殼裝飾擠花。

完成後待烘烤至全乾。

| 25 | 26 |
|---|---|

刷上金色食用色粉（金粉
＋伏特加調製）。

完成待烘烤至全乾。

## Step ③ 湯匙

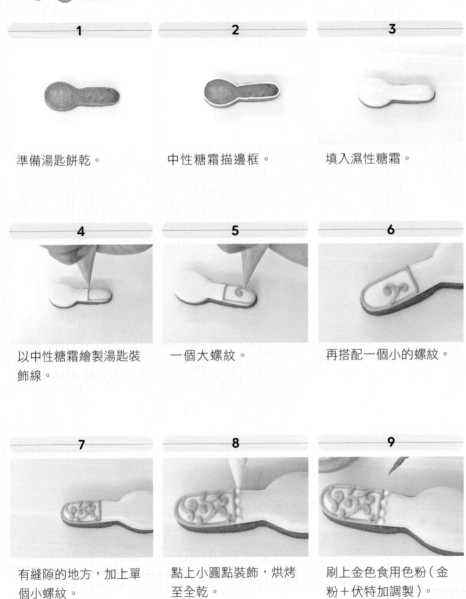

**1**

準備湯匙餅乾。

**2**

中性糖霜描邊框。

**3**

填入濕性糖霜。

**4**

以中性糖霜繪製湯匙裝飾線。

**5**

一個大螺紋。

**6**

再搭配一個小的螺紋。

**7**

有縫隙的地方，加上單個小螺紋。

**8**

點上小圓點裝飾，烘烤至全乾。

**9**

刷上金色食用色粉（金粉＋伏特加調製）。

Step
1

Step
2

Step
3

Step
4

Step
5

Step
6

| 10 | 11 |
|---|---|

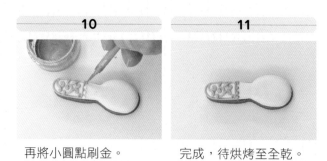

再將小圓點刷金。　　　　完成，待烘烤至全乾。

# Step ④ 杯子組合

| 1 | 2 | 3 |
|---|---|---|

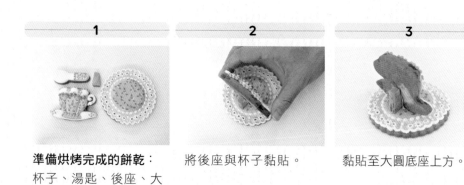

**準備烘烤完成的餅乾：**
杯子、湯匙、後座、大
圓底座。

將後座與杯子黏貼。

黏貼至大圓底座上方。

| 4 | 5 | 6 |
|---|---|---|

在中間偏後方位子黏貼。

再將湯匙黏貼上，完
成待烘烤至乾。

完成背面照。

## Step ⑤ 茶壺

**1**

色素筆打草稿。

**2**

中性糖霜拉邊框。

**3**

壺嘴填入濕性糖霜。

**4**

**壺身玫瑰濕性拉花：**
填上濕性糖霜當底色。

**5**

在底色上，點上白色
濕性糖霜圓點。

**6**

在白色圓點上方，再加
上粉紅色濕性糖霜，畫
一個C字。

**7**

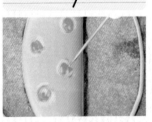

使用筆針螺旋方式攪
動，讓紅色及白色混和
在一起，做出玫瑰花層
次（濕性拉花，筆針只在
糖霜表面攪動，不要插
太深）。

**8**

在玫瑰花四周點上，綠
色濕性糖霜。

**9**

使用筆針由內向外拉出
葉子的形狀。

歐風
玫瑰午茶

Step
1

Step
2

Step
3

Step
4

Step
5

Step
6

**10**

右邊也做出玫瑰濕性拉
花效果，待烘烤至半乾。

**11**

壺身剩下部分再補上玫
瑰濕性拉花效果，壺把
也填入濕性糖霜，待烘
烤至半乾。

**12**

壺蓋及底座使用中性糖
霜描框。

**13**

填入白色濕性糖霜，待
烘烤至半乾。

**14**

填入藍綠色濕性糖霜，
待烘烤至全乾。

**15**

準備乾性糖霜搭配花嘴
264號，寬口朝下。

**16**

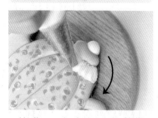

花嘴45度拿取，貼著糖
霜表面擠，往下移動。

**17**

在拉回來，作一個倒U
的移動。

**18**

完成壺蓋的花瓣裝飾。

| 19 | 20 | 21 |
|---|---|---|
| 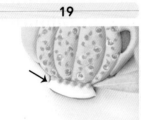 | 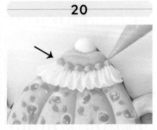 | 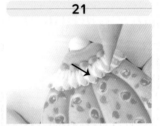 |
| 中性糖霜，貝殼裝飾擠花。 | 中性糖霜，貝殼裝飾擠花。 | 擠上小圓點裝飾。 |

| 22 | 23 | 24 |
|---|---|---|
|  |  |  |
| 壺把使用中性糖霜繪製螺旋裝飾，一大一小輪流繪製。 | 連續拼接串連。 | 有縫隙的位子可補上小螺旋裝飾。 |

| 25 | 26 | 27 |
|---|---|---|
| 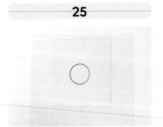 | 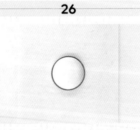 | 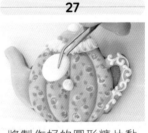 |
| 在模板上方貼上透明塑膠片或饅頭紙，即可描繪。（模板 P.219） | 填上濕性糖霜，待烘烤至全乾。 | 將製作好的圓形糖片黏貼上。 |

歐風
玫瑰午茶

Step
1

Step
2

Step
3

Step
4

Step
5

Step
6

| 28 | 29 | 30 |
|---|---|---|
|  |  |  |
| 黏貼完成。 | 在圓形周圍,使用中性糖霜擠上蕾絲邊。 | 寫上英文字。 |

| 31 | 32 | 33 |
|---|---|---|
|  |  |  |
| 在蕾絲與圓形交界處,擠上小圓點裝飾。 | 在壺蓋頂端擠上一點中性糖霜。 | 再將製作好的翻糖玫瑰黏貼在壺蓋頂端,待烘烤至全乾。 |

| 34 | 35 | 36 |
|---|---|---|
|  |  |  |
| 將小圓點刷金。 | 壺底也刷金。 | 完成。 |

## Step ⑥ 茶壺底座

#### 1

色素筆描繪底稿。

#### 2

中性糖霜描邊框。

#### 3

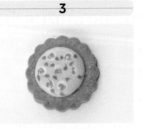

玫瑰濕性拉花繪製方式可以參考「杯子底座步驟4～11（P.30）」。

#### 4

**半透明蕾絲布效果：**
中性糖霜拉出外圍波浪邊框。

#### 5

將稀釋後糖霜使用筆刷填入。

#### 6

填滿後待烘乾。

#### 7

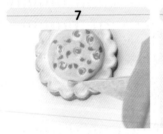

使用中性糖霜，加上貝殼裝飾線，並繞行一圈。

#### 8

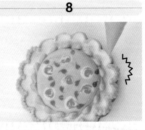

使用中性糖霜在側邊波浪處以Z字型移動擠出蕾絲感裝飾。

#### 9

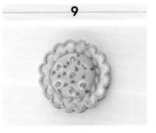

完成，待烘烤至全乾。

## Step ⑦ 翻糖玫瑰

|  |  |  |
|---|---|---|
| 1 | 2 | 3 |

準備玫瑰矽膠模具，玉米粉，筆刷。

筆刷沾取少許玉米粉，刷在要使用的模具上，這樣可以容易脫模。

將適量翻糖放入模具。

|  |  |  |
|---|---|---|
| 4 | 5 | 6 |

將翻糖壓入模具中。

與模具表面齊平。

再將翻糖脫模出模具，玫瑰翻糖完成。

|  |  |
|---|---|
| 7 | 8 |

準備調製好的金色色粉。

刷在玫瑰翻糖上，完成後可以使用低溫稍為烘烤一下。

Step ①
Step ②
Step ③
Step ④
Step ⑤
Step ⑥
Step ⑦

## Step ⑧ 茶壺組合

| 1 | 2 | 3 |
|---|---|---|
|  | 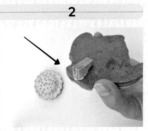 |  |
| **準備烘烤完成的小餅乾：**茶壺、小底座、後座。 | 先將後座黏貼在茶壺背面底端。 | 於底部擠上中性糖霜。 |

| 4 | 5 | 6 |
|---|---|---|
|  |  |  |
| 黏貼至小底座正中間。 | 烘烤至全乾。 | 完成照側面。 |

# 甜心杯子塔

乾下這杯，紀念我們真心的友誼。

# 工具與色票

## 糖霜工具材料

○ 1. 花釘
○ 2. 花釘座
○ 3. 白色食用糖珠
○ 4. 銀色食用糖珠
○ 5. 花嘴轉接頭
○ 6. 金色食用色粉

○ 7. 伏特加（70% 以上）
○ 8. 鑷子
○ 9. 筆針
○ 10. 小毛圭筆
○ 11. 花嘴 2 號
○ 12. 花嘴 7 號

○ 13. 花嘴 10 號
○ 14. 花嘴 14 號
○ 15. 花嘴 18 號
○ 16. 饅頭紙

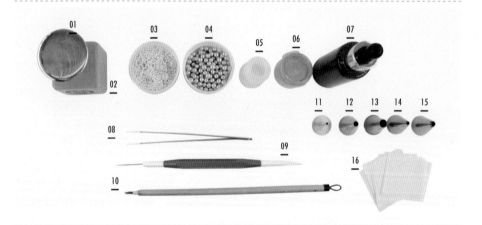

## 餅乾烘烤工具

○ 1. 圓型餅乾模 9 公分
○ 2. 磨砂紙 80 號
○ 3. 小塔模具直徑 6 公分

## 裸餅

餅乾模板 P.220

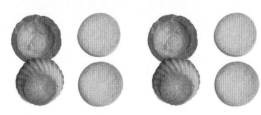

## 糖霜色票

| 白色 | 淡粉紅 | 淡咖啡 | 巧克力棕色 | 紅色 | 紫色 | 綠色 |

## 糖霜濃度 & 色票

濃度 →

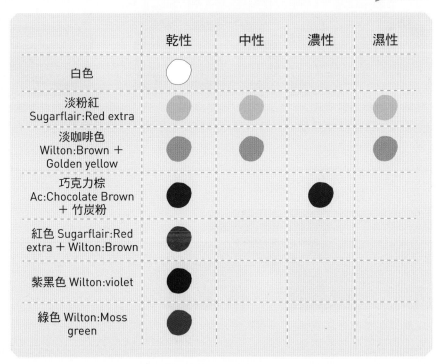

| 顏色 | 乾性 | 中性 | 濃性 | 濕性 |
|---|---|---|---|---|
| 白色 | ○ | | | |
| 淡粉紅 Sugarflair:Red extra | ● | ● | | ● |
| 淡咖啡色 Wilton:Brown + Golden yellow | ● | ● | | ● |
| 巧克力棕 Ac:Chocolate Brown + 竹炭粉 | ● | | ● | |
| 紅色 Sugarflair:Red extra + Wilton:Brown | ● | | | |
| 紫黑色 Wilton:violet | ● | | | |
| 綠色 Wilton:Moss green | ● | | | |

# LET'S DO IT !!

## Step ① 小塔型餅乾

| 1 | 2 | 3 |
|---|---|---|
| 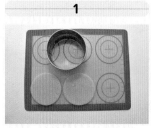 |  |  |
| 麵團壓好需要的尺寸。 | 將壓好模餅皮放置在塔模的中心。 | 再輕壓至模型中。 |

| 4 | 5 | 6 |
|---|---|---|
| 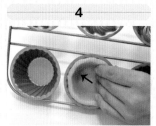 |  |  |
| 將餅皮輕壓貼緊塔模，側面及底部都要確實壓緊，才會使成品的紋路造型明顯。 | 放置冰箱冷凍約 15 分鐘，後及可送烤箱烘烤至上色，約30分鐘。 | 烘烤完成的塔型餅乾，邊緣會不平整。 |

| 7 | 8 |
|---|---|
|  |  |
| 以旋轉輕壓的方式在砂紙上面將不平整的邊緣磨平。 | 完成。 |

Step 1
Step 2
Step 3
Step 4
Step 5
Step 6
Step 7
Step 8

# Step ② 藍莓

| 1 |
|---|
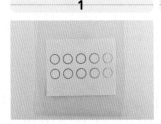

準備藍莓模板，在模板上方貼上透明塑膠片或饅頭紙，即可描繪。
（模板 P.221）

| 2 |
|---|
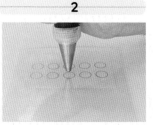

使用 7 號花嘴，填裝硬性糖霜，花嘴 90 度拿取，高度0.5公分。

| 3 |
|---|
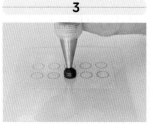

先定點不動開始施力，擠至模板差不多大小。

| 4 |
|---|

使其呈圓球狀。

| 5 |
|---|

將花嘴替換成 14 號花嘴，在擠好的圓球正上方擠出星星形狀。

| 6 |
|---|

重複 2～5 動作，完成整個模板。

| 7 |
|---|

待烘烤至全乾。

| 8 |
|---|

成品。

## Step ③ 覆盆子

### 1

於花釘上擠出少量糖霜。

### 2

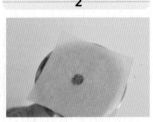

將饅頭紙貼上。

### 3

使用 2 號花嘴填裝硬性糖霜，擠出寬 1 公分底座，高1.5公分基座。

### 4

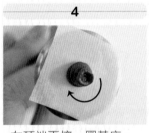

在頂端再擠一圈基座。

### 5

在基座上面擠出小圓點。

### 6

往下開始第二層，與第一層錯開。

### 7

大小盡量一致且密集。

### 8

大約 5 層左右即可，如果擠出來的小圓末端呈現微尖，可用筆沾水輕輕將尖部壓掉。

### 9

烘烤至全乾備用。

# Step ④ 白色圓舞曲

**1**

準備圓形餅乾。

**2**

使用 10 號花嘴，填裝白色硬性糖霜，花嘴以 45 度角拿取，距離餅乾表面約一公分高度，於定點處開始施力。

**3**

擠出的糖霜呈現飽滿的圓形尺寸約 1.5 公分後，力道再漸漸收並往圓心移動，成大水滴狀。

**4**

將餅乾分成 4 等份，往中間方向擠，先完成 4 個大水滴。

**5**

再將 4 等份中間的縫隙分別補上大水滴。

**6**

第一層完成共 8 個大水滴。

**7**

第二層開始的起始點，需距離第一層邊緣一公分距離，必須錯開。

**8**

第二層大約擠 6 個大水滴。

**8**

第三層開始的第一個水滴需與第二層水滴錯開，擠 3 個大水滴。

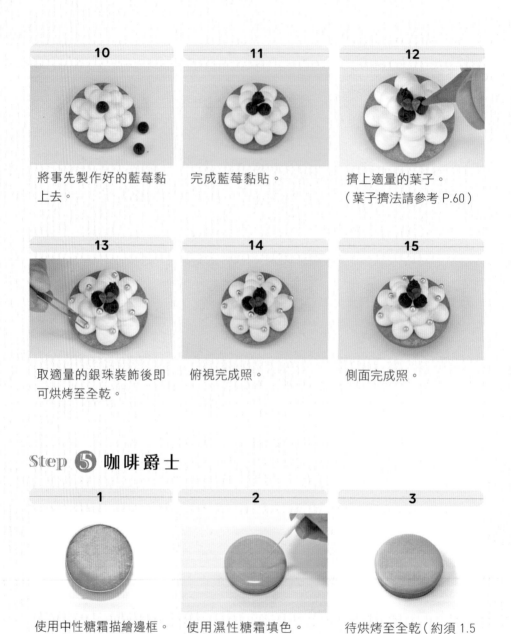

| 10 | 11 | 12 |
|---|---|---|
| 將事先製作好的藍莓黏上去。 | 完成藍莓黏貼。 | 擠上適量的葉子。<br>（葉子擠法請參考 P.60） |

| 13 | 14 | 15 |
|---|---|---|
| 取適量的銀珠裝飾後即可烘烤至全乾。 | 俯視完成照。 | 側面完成照。 |

## Step ⑤ 咖啡爵士

| 1 | 2 | 3 |
|---|---|---|
| 使用中性糖霜描繪邊框。 | 使用濕性糖霜填色。 | 待烘烤至全乾（約須 1.5 小時）。 |

Step 1

Step 2

Step 3

Step 4

Step 5

Step 6

Step 7

Step 8

| 4 |
|---|

使用 18 號花嘴 90 度拿取，與餅乾面距離約 0.5 公分先定點不動，再開始施力，擠至適當大小。

| 5 |
|---|

順著餅乾形狀繞擠一圈。

| 6 |
|---|

隨性撒上糖珠。

| 7 |
|---|

花嘴 90 度拿取，以中心為起始點，由中心順時針方向，擠出一圈。

| 8 |
|---|

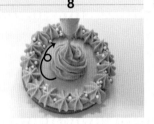

再往內縮擠一圈半，總共是兩圈半。

| 9 |
|---|

黏上事先製作好的覆盆子跟藍莓裝飾。

| 10 |
|---|

擠上適量葉子。

| 11 |
|---|

黏上中型糖珠。

| 12 |
|---|

側面完成照與俯視完成照。

## Step ⑥ 粉紅佳人

### 1

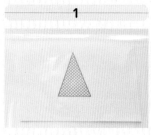

巧克力插牌糖片（P.221）。

### 2

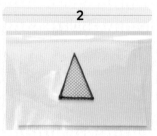

使用濃糖霜，先描繪外框。

### 3

再填色，烘烤至全乾。

### 4

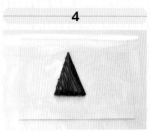

使用濃糖霜在糖片上面拉線。

### 5

將糖片轉45度角在拉第二層線，待烘烤至全乾，備用。

### 6

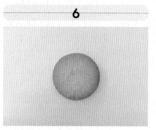

準備圓形餅乾。

### 7

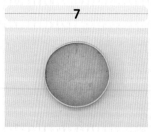

使用中性糖霜描繪邊框。

### 8

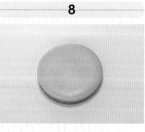

使用濕性糖霜填色。

### 9

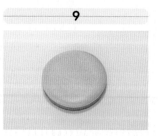

待烘烤至全乾（約須1.5小時）。

| 10 | 11 | 12 |
|---|---|---|
|  |  |  |
| 使用18號花嘴,填裝硬性糖霜,花嘴以45度角拿取,距離餅乾表面約0.5公分高度,定點不動,開始施力,擠至適當大小。 | 花嘴往側邊移動,力道漸收,做一個水滴狀。 | 連續重複步驟10動作。 |

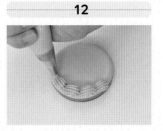

| 13 | 14 | 15 |
|---|---|---|
| 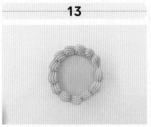 | | |
| 繞擠餅乾一圈。 | 花嘴90度拿取,以中心為起始點。 | 由中心順時針方向,擠出一圈。 |

| 16 | 17 | 18 |
|---|---|---|
|  |  | 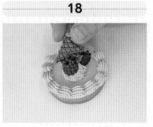 |
| 再往內縮擠一圈半,總共是兩圈半。 | 黏上事先製作好的覆盆子跟藍莓裝飾。 | 擠上適量葉子,插上巧克力裝飾糖片,待烘烤至全乾,即可完成。 |

| 19 | 20 |
|---|---|
|  |  |
| 側面完成照。 | 俯視完成照。 |

Step 1
Step 2
Step 3
Step 4
Step 5
Step 6
Step 7
Step 8

## Step ⑦ 可可芭蕾

| 1 | 2 | 3 |
|---|---|---|
| 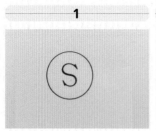 |  |  |
| 巧克力插牌糖片（P.221）。 | 使用濃糖霜，沿著底稿先描繪外圈。 | 填滿顏色，待烘至全乾。 |

| 4 | 5 | 6 |
|---|---|---|
|  |  |  |
| 沾取金色食用色粉繪製（金粉＋伏特加），待烘烤5分鐘，備用。 | 使用18號花嘴，填裝硬性糖霜，花嘴以45度角拿取，距離餅乾表面約0.5公分高度，定點不動，開始施力，擠至適當大小。 | 花嘴往中心移動，力道漸收，做一個長度約2公分的水滴狀。 |

| 7 | 8 | 9 |
|---|---|---|
|  |  |  |
| 沿著餅乾邊緣繞擠一圈。 | 第二層往內縮一些，重複第一層擠法。 | 第二層繞擠一圈。 |

甜心杯子塔

Step 1
Step 2
Step 3
Step 4
Step 5
Step 6
Step 7
Step 8

| | | |
|---|---|---|
| **1** | **2** | **3** |

第三層

花嘴90度拿取。

由中心順時針方向，擠出一圈，製作一個基座來使之增高。

接著擠第三層水滴，繞擠一圈。

| | | |
|---|---|---|
| **4** | **5** | **6** |

最後在正上方擠一個基座。

黏上事先製作好的覆盆子跟藍莓裝飾。

擠上適量葉子（葉子擠法請參考 P.60）。

| | | |
|---|---|---|
| **7** | **8** | **9** |

插上事先繪製好的插牌，待烘烤至全乾。

側面完成照。

俯視完成照。

## Step **8** 葉子

| 1 |
|---|
| 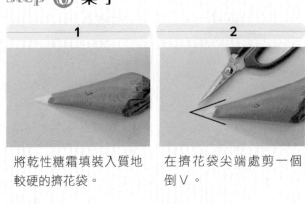 |

將乾性糖霜填裝入質地較硬的擠花袋。

在擠花袋尖端處剪一個倒 V。

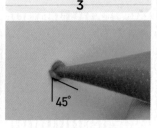

45度角拿取。

| 4 | 5 |
|---|---|
| 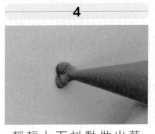 |  |

輕輕上下抖動做出葉脈,力道漸收。

完成。

# 夢幻獨角獸

長大後，單純的夢想
也可以離得很近。

# 工具與色票

工具區塊
**no.1**

**工具材料**

○ 1. 食用糖珠

○ 2. 白色細砂糖

○ 3. 饅頭紙

○ 4. 伏特加（70% 以上）

○ 5. 金色食用色粉

○ 6. 白油

○ 7. 筆針

○ 8. 食用色素筆

○ 9. 小毛圭筆

○ 10. 鑷子

○ 11. 紙棒 15cm

○ 12. 紙棒 7.5cm

○ 13. 花嘴 1M

○ 14. 花嘴 18

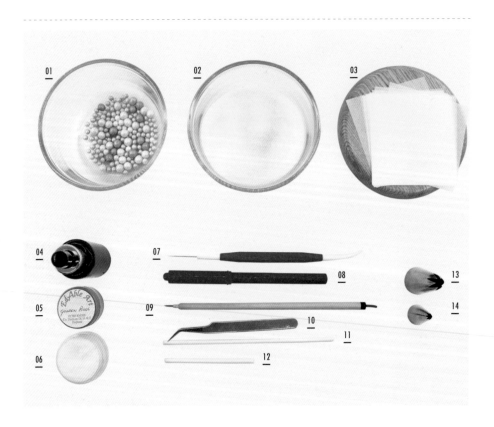

工具區塊
**no. 2**

## 裸餅

餅乾模板
P.222

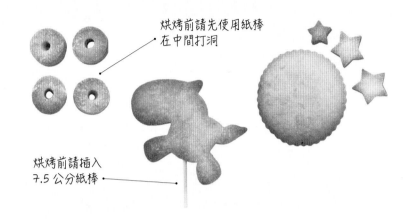

烘烤前請先使用紙棒
在中間打洞

烘烤前請插入
7.5 公分紙棒

工具區塊
**no. 3**

## 翻糖色票

WILTON

Gold yellow ＋ Brown（1 公克）
1：1

## 糖霜濃度＆色票

顏色 →

|  | 乾性 | 中性 | 濃性 | 濕性 |
|---|---|---|---|---|
| 白色 |  |  | ○ | ○ |
| 淡粉紅<br>Sugarflair:Red extra | ● |  |  | ● |
| 蒂芬尼藍<br>Wilton:Teal | ● |  |  | ● |
| 淡紫色<br>Wilton:Violet | ● |  |  | ● |
| 黑色<br>竹炭粉 |  | ● |  |  |

濃度 ↓

# LET'S DO IT !!

## Step ❶ 獨角獸

**1**

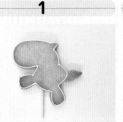

大底座。

**2**

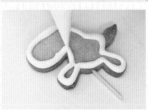

以濕性糖霜由外向內填滿。由於此餅乾較大，所以在填色時動作務必快點，才能使表面填色平整。

**3**

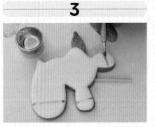

沾取金色食用色粉描繪耳朵、頭部前端、馬蹄範圍（金粉＋伏特加）。

**4**

刷上金色食用色粉。

**5**

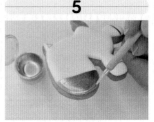

由於糖霜側面是有厚度的，所以在刷色的時候側邊也須刷色。

**6**

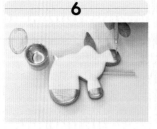

透過重複刷色可讓顏色上得更飽滿，完成後烘烤5分鐘即可。

**7**

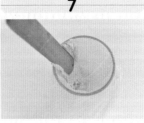

使用 18 號花嘴，將硬性糖霜分次等量填入，貼著擠花袋用按壓方式填裝。

**8**

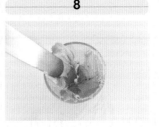

每個顏色大約20g。

**9**

花嘴45度拿在距離餅乾表面約0.5公分處，擠出糖霜時在原地先稍做停留，再往尾巴尖端移動，力道漸收。

**10**

擠出2個獨角獸尾巴。

**11**

以同樣方式擠出馬背上鬃毛部分約3個，每個長度約1.5公分。

**12**

頭部鬃毛花嘴45度拿取，以螺旋方式擠出糖霜。

**13**

旋轉圈數2圈半。

**14**

將糖珠隨意輕壓黏貼在鬃毛上，如無法輕易黏上，可沾取明膠或中性糖霜黏貼糖珠。

**15**

以中性糖霜描繪眼睛，待烘烤10分鐘。

**16**

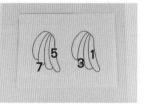

翅膀糖片製作，繪製方式以跳格方式，先繪製1357格。（模板P.223）

**17**

使用濃性糖霜按照模板描繪，糖霜需填飽滿，糖片才不容易破裂。

**19**

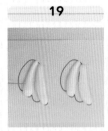

1357填完畢，
待烘烤15分鐘。

**19**

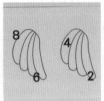

進行2468格填
色。

**20**

待烘烤至全乾。

**21**

刷上金色食用色粉。

**22**

由外側往內刷色。

**23**

以少量、重複刷色的方
式，刷出翅膀的漸層感。

**24**

刷色完成。

**25**

在翅膀底部位置，擠上
硬性糖霜，再將獨角獸
上背位置移到翅膀上方
做黏貼。

**26**

擠上硬性糖霜，糖霜高
度需要比旁邊鬃毛來得
高，再將翅膀2黏貼上
去。翅膀1跟翅膀2從
正面看需要錯開。

**27**

完成，待烘烤約15分鐘。

# Step ② 大星星 & 小星星

Step ①

Step ②

Step ③

Step ④

Step ⑤

Step ⑥

**1**

**小星星:**
中性糖霜描繪邊框。

**2**

濕性糖霜填色。

**3**

使用筆針調整星星五邊
角,待烘乾至全乾,約
1小時。

**4**

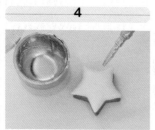

刷上金色食用色粉。

**5**

重複刷色可讓顏色上得
更飽滿,完成後烘烤 5
分鐘即可。

**6**

**大星星 1:** 邊框描繪及
填色請參考步驟 1～3,
使用濕性糖霜騰空拉直
線,動作放慢。

| 7 | 8 | 9 |
|---|---|---|

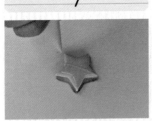 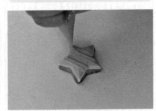 

平均拉出 3 條直線。　　更換濕性糖霜顏色,在　　將餅乾轉 45 度,使用中
　　　　　　　　　　　線間格中繪製。　　　　性糖霜拉線(使用中性
　　　　　　　　　　　　　　　　　　　　　糖霜可以做出半浮雕效
　　　　　　　　　　　　　　　　　　　　　果),待烘乾至全乾,約
　　　　　　　　　　　　　　　　　　　　　1 小時。

| 10 | 11 | 12 |
|---|---|---|

 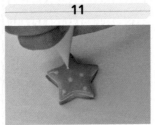 

**大星星 2**:邊框描繪及填　　使用濕性糖霜在糖霜表　　完成。
色請參考步驟 1〜3。　　　面點上圓點,待烘乾至
　　　　　　　　　　　　全乾,約 1 小時。

# Step ③ 獸角

Step
①

Step
②

Step
③

Step
④

Step
⑤

Step
⑥

**1**

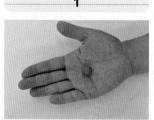

將翻糖搓成圓形。

**2**

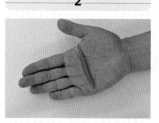

再將圓形搓成長條，兩頭成尖狀，長度約 6～7 公分。

**3**

再將條狀對折。

**4**

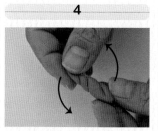

手朝一左一右扭轉，即可成型。

**5**

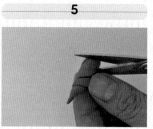

保留獸角長度約2公分，多餘的即可剪掉。

**6**

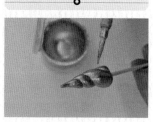

刷上金色食用色粉，可使用牙籤插在底部，以方便拿取。

**7**

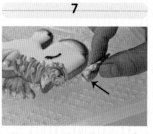

使用中性糖霜黏貼獸角至頭部側邊。

**8**

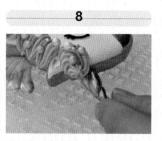

完成，待烘乾15分鐘。

# Step ④ 糖花

### 1

使用硬性糖霜加上 1M 花嘴，以 90 度拿取，距離桌面約 1 公分高度開始擠，擠在饅頭紙上方

### 2

直線往下方移動約 2 公分。

### 3

改以順時針方向移動，繞一圈，像是在寫日文の的筆畫。

### 4

花嘴繼續移動過起始點位置。

### 5

力道順著圓的方向往上帶。

### 6

將糖珠隨意輕壓黏貼在糖花上，如無法輕易黏上，可沾取明膠或中性糖霜黏貼糖珠。

### 7

平貼桌面插入 15 公分紙棒，至糖花中間，待烘烤至糖花可以完全剝離饅頭紙即可。

# Step ⑤ 底座

Step ①
Step ②
Step ③
Step ④
Step ⑤
Step ⑥

**1**

**大圓餅乾**：距離餅乾邊緣 0.5 公分位置，使用色素筆描繪一個圈。

**2**

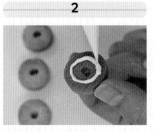

選一個小圓餅乾，使用中性糖霜在背面擠上一圈。

**3**

將其黏貼在中心位置。

**4**

使用中性糖霜將小圓餅乾 2，黏貼至小圓餅乾 1 上方。

**5**

將小圓餅乾 3 重複步驟 4，黏貼至 11 點鐘位置。

**6**

使用中性糖霜將餅乾上兩個孔洞描上邊框，重疊兩層（可避免濕性糖霜流入，導致孔洞阻塞，在組裝餅乾時沒辦法插入孔洞）。

**7**

描繪邊框。

**8**

濕性糖霜填色，圓柱側面也需覆蓋糖霜。

**9**

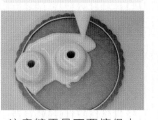

注意糖霜量不要擠得太多，只要有覆蓋到表面即可。

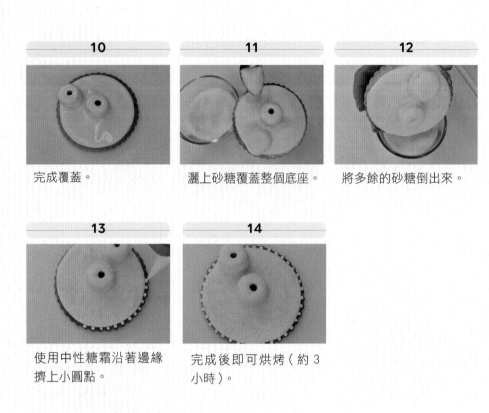

**10** 完成覆蓋。

**11** 灑上砂糖覆蓋整個底座。

**12** 將多餘的砂糖倒出來。

**13** 使用中性糖霜沿著邊緣擠上小圓點。

**14** 完成後即可烘烤（約3小時）。

## Step ⑥ 組裝

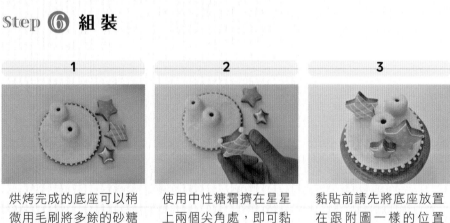

**1** 烘烤完成的底座可以稍微用毛刷將多餘的砂糖刷乾淨，避免後續的裝飾黏不牢固。

**2** 使用中性糖霜擠在星星上兩個尖角處，即可黏貼。

**3** 黏貼前請先將底座放置在跟附圖一樣的位置（右上的圓柱需在1點鐘位置，這是組裝完成成品的正面）接著可以自由配置星星黏貼位置。

Step
1

Step
2

Step
3

Step
4

Step
5

Step
6

**4**

使用已經混色好的 18 號花嘴開始擠花。

**5**

擠花可按造下面方式自由搭配：
小：原地擠 1 公分高度。
中：螺旋方式一圈半。
大：螺旋方式兩圈半。

**6**

將糖珠隨意輕壓黏貼，如無法輕易黏上，可沾取明膠或中性糖霜黏貼糖珠。

**7**

使用中性糖霜將兩個孔洞填 9 分滿。

**9**

**8**

插入獨角獸，檢查是否垂直。

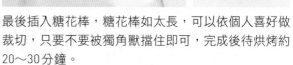

最後插入糖花棒，糖花棒如太長，可以依個人喜好做裁切，只要不要被獨角獸擋住即可，完成後待烘烤約 20～30 分鐘。

# 招財神貓

喵～把我養起來，
就知道我有多神。

# 工具與色票

工具區塊
no.1

**工具材料**

| | | |
|---|---|---|
| ○ 1. 食用白色小糖珠 | ○ 5. 伏特加（70% 以上） | ○ 9. 小毛圭筆 |
| ○ 2. 愛素糖 | ○ 6. 鑷子 | ○ 10. 湯匙 |
| ○ 3. 食用色粉蜜桃色 | ○ 7. 食用色素筆 | ○ 11. 花嘴 10 號 |
| ○ 4. 金色食用色粉 | ○ 8. 筆針 | ○ 12. 白油 |

## 裸餅

餅乾模板 P.224

## 糖霜
色票

白色　　紅色　　紫紅色　　金色　　橘色　　黑色　　綠色

## 糖霜濃度＆色票

濃度 →

| 顏色 | 乾性 | 中性 | 濃性 | 濕性 |
|---|---|---|---|---|
| 白色 | | ○ | | ○ |
| 紅色<br>Sugarflair:Red extra<br>＋ Wilton:Brown | | ● | | ● |
| 黑色竹炭粉 | | ● | | ● |
| 紫紅色<br>Wilton:violet ＋<br>Wilton:Rose | | | ● | |
| 金色<br>Wilton:Brown ＋<br>Golden yellow | ● | ● | | ● |
| 橘色<br>Sugarflair:Red extra<br>＋ Wilton:Golden<br>yellow | ● | | | |
| 綠色<br>Wilton:Moss green | ● | | | |

顏色

# LET'S DO IT !!

## Step ① 底座繪製

**1**

圓形底座餅乾。

**2**

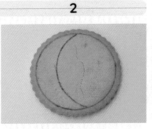

**使用色素筆繪製草圖：**
外圈圓形＋中間弧線。

**3**

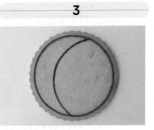

中性糖霜拉線。

**4**

濕性糖霜填色。

**5**

使用黑色濕性糖霜（花嘴須剪
小，才能較好控制糖霜量）在
紅色底色未乾前繪製小方塊，
尺寸約0.3公分。

**6**

可以不規則的
排列或錯開，
待烘烤至半乾。

**7**

填入黑色濕性
糖霜。

**8**

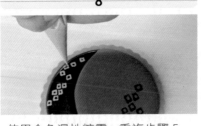

使用金色濕性糖霜，重複步驟5，
待烘烤至全乾。

**9**

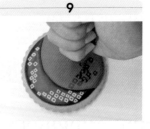

**繪製紫色小花：**
中性糖霜擠8個小圓點
繞一圈。

Step 1
Step 2
Step 3
Step 4
Step 5
Step 6
Step 7
Step 8

### 10

使用畫筆沾水（水記得收乾），輕壓小圓點。

### 11

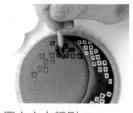

往圓心方向輕刷。

### 12

在內圈再擠6個小圓點。

### 13

畫筆沾水（水記得收乾），往圓心方向輕壓。

### 14

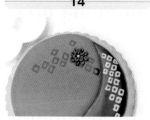

中間擠上小圓點。

### 15

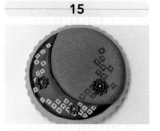

其它小花比照進行，自由配置，有大有小。

### 16

**白色桂冠葉子擠法**：使用白色中性糖霜，擠水滴方式，花嘴下壓收尾。

### 17

左右兩邊依序往花朵方向擠。

### 18

桂冠葉須帶點弧度。

| 19 | 20 | 21 |
|---|---|---|
|  |  |  |
| 葉子交疊中間擠上金色圓點。 | 白色桂冠葉完成。 | 在花側邊空位補上葉子。 |

| 22 | 23 | 24 |
|---|---|---|
|  |  |  |
| 葉子可自由配置。 | 中性糖霜斜45度角拿取，擠出水滴樣式。 | 連續擠一圈。 |

| 25 | 26 | 27 |
|---|---|---|
|  |  | 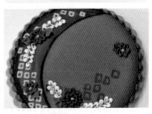 |
| 紅色水滴圍邊完成。 | 在水滴連接點上，擠上紫色圓點。 | 繞行一圈。 |

Step
1

Step
2

Step
3

Step
4

Step
5

Step
6

Step
7

Step
8

| 28 | 29 | 30 |
|---|---|---|
|  |  |  |

**繪製日式水流圖案：**
中性糖霜拉一個 S 型。

在 S 型彎處補上 C 型。

完成即可烘烤至全乾。

## Step ② 招財貓

| 1 | 2 | 3 |
|---|---|---|
|  |  | 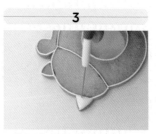 |

繪製草圖。

中性糖霜框邊框。

貓耳朵濕性糖霜填色。

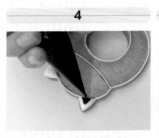

4

再疊上黑色濕性糖霜。

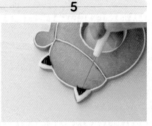

5

使用筆針將黑色耳朵尖角調整修飾。

6

身體以濕性糖霜填色，待烘烤半乾。

7

頭部填入白色濕性糖霜，待烘烤半乾。

8

手部填入白色濕性糖霜，待烘烤半乾。

9

招財貓全身底色烘烤完成。

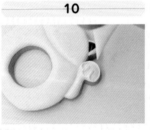

10

貓掌需要繪製第二層，讓貓掌可以更加立體。請使用中性糖霜框線。

11

填入飽滿的濕性糖霜，一個ㄇ字型，中間先空下，等待ㄇ型表面呈現霧面狀態。

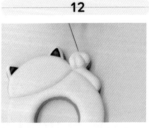

12

再將中間填入糖霜，貓掌即完成，待烘烤至全乾。

Step
1

Step
2

Step
3

Step
4

Step
5

Step
6

Step
7

Step
8

**13**

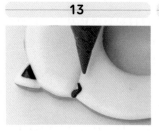

**雙色項鍊**：中性糖霜拉出一個約 0.5 公分小 S 型。

**14**

再換成紅色中性糖霜堆疊在 S 尾的凹朝處。

**15**

順著頭型編織出項鍊。

**16**

**繪製臉部表情**：紅色中性糖霜，起始點在中心往右拉出嘴巴微笑弧線。

**17**

再往左拉出另一條弧線。

**18**

再畫上眼睛，眼睛需要比嘴巴來得長些。

**19**

紅色中性糖霜，點上 5 個小圓點。

**20**

使用畫筆沾水（水記得收乾），輕壓小圓點。

**21**

往中間收尾。

| 22 | 23 | 24 |
|---|---|---|
|  |  |  |
| 再加一個小花，一樣的畫法。 | 點上小圓點花心。 | 再黏上事先製作好的鈴鐺糖片（鈴鐺糖片製作參考 P.93）。 |

| 25 | 26 | 27 |
|---|---|---|
|  |  |  |
| 黏上事先製作好的扇子（扇子製作參考 P.89）。 | 黏貼上扇子即可送烘烤，烘烤至黏貼固定。 | 準備蜜桃色粉，刷至貓的臉頰兩側。 |

| 28 | 29 | 30 |
|---|---|---|
|  |  | |
| 將中間鏤空的位置灌入愛素糖（愛素糖製作請參考 P.94）。 | 在愛素糖上方擠糖霜，用來黏貼元寶糖片。 | 將事先製作好的元寶糖片黏貼上（元寶糖片製作請參考 P.93）。 |

Step
1

Step
2

Step
3

Step
4

Step
5

Step
6

Step
7

Step
8

| 31 | 32 | 33 |
|---|---|---|

在剩下的空間擠糖霜。 | 黏上小糖珠。 | 待烘烤至全乾。

## Step 3 扇子

| 1 | 2 | 3 |
|---|---|---|

繪製草圖。

中性糖霜描繪邊框。

先將金色濕性糖霜填入，待烘烤至半乾。

| 4 | 5 | 6 |
|---|---|---|

再填入白色濕性糖霜，做出摺扇的感覺，待烘烤至半乾。

中性糖霜拉線，做出扇骨。

大概7至8根扇骨。

| 7 | 8 | 9 |
|---|---|---|
|  |  |  |
| 在扇面上方擠小圓點裝飾。 | 繪製裝飾蝴蝶結。 | 中間點小圓點。 |

| 10 | 11 |
|---|---|
|  |  |
| 預留大吉大利文字位置，吉字以橘子代替。先黏貼橘子（橘子製作請參考 P.95）。 | 再寫上文字，待烘烤至乾。 |

## Step ④ 紫色五瓣花

| 1 | 2 | 3 |
|---|---|---|
|  | 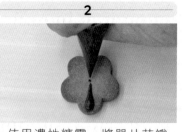 |  |
| 在花的中心做記號。 | 使用濃性糖霜，將單片花瓣分 3 等份，由中間的位子開始，往花心方向拉一個長形水滴，為主花瓣。 | 先拉 5 個長形水滴，待烘烤至半乾。 |

Step
1

Step
2

Step
3

Step
4

Step
5

Step
6

Step
7

Step
8

| 4 | 5 | 6 |
|---|---|---|
|  |  |  |
| 在主花瓣的側邊，拉小一點的次花瓣。 | 待烘烤至半乾。 | 再補另一側的次花瓣。 |

| 7 | 8 | 9 |
|---|---|---|
|  |  |  |
| 待烘烤至全乾。 | **花蕊立體糖片製作：**準備有弧度的湯匙，可以製作出帶弧度的花蕊。 | 塗上白油。 |

| 10 | 11 | 12 |
|---|---|---|
| | | |
| 使用乾性糖霜，先拉出一個十字，切成4等份。 | 分別在 4 等份間，拉兩條線，需要等長，做出花蕊。 | 在拉好線的外圍加上圓點。 |

### 13

烘烤至完全可以剝落。

### 14

將糖花片刷上金色食用
顏料,刷色時動作記得
輕,以免斷裂,完成後
烘烤10分鐘。

### 15

在紫色五瓣花中間擠一
點糖霜。

### 16

將糖花片黏貼上。

### 17

側面可以看花蕊的弧度
讓花朵看起來有層次。

### 18

中心再點上紅色糖霜裝
飾,完成後烘烤至乾。

## Step ⑤ 金元寶糖片

**1**

準備元寶糖片模板。
（請見模板 P.225）

**2**

濃性糖霜先填滿元寶下
方區塊，待烘烤至半乾。

**3**

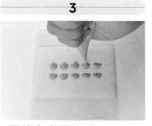

再填上方區塊。

**4**

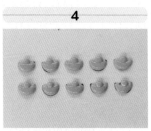

待烘烤至全乾。

**5**

刷上金色食用顏料
（金粉＋伏特加）。

## Step ⑥ 金色鈴鐺糖片

**6**

1公分圓形模板。
（請見模板 P.225）

**7**

濃性糖霜擠一個飽滿的
圓形，待烘烤至半乾。

**8**

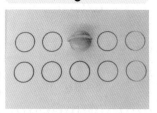

只用中性糖霜，在圓形
上方拉一條橫線。

Step ①
Step ②
Step ③
Step ④
Step ⑤
Step ⑥
Step ⑦
Step ⑧

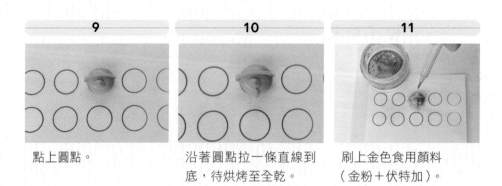

| 9 | 10 | 11 |
|---|---|---|
| 點上圓點。 | 沿著圓點拉一條直線到底，待烘烤至全乾。 | 刷上金色食用顏料（金粉＋伏特加）。 |

## Step 7 愛素糖製作

使用微波將愛素糖融化，需要時間大概是 3～5 分鐘，由於大家家中的微波爐火力都不一致，所以只需要將糖粒融化至看不到為止即可。

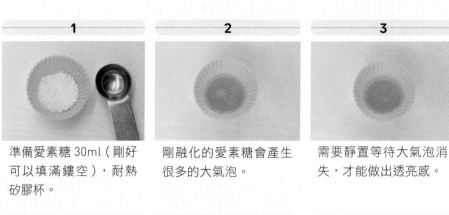

| 1 | 2 | 3 |
|---|---|---|
| 準備愛素糖 30ml（剛好可以填滿鏤空），耐熱矽膠杯。 | 剛融化的愛素糖會產生很多的大氣泡。 | 需要靜置等待大氣泡消失，才能做出透亮感。 |

| 4 | 5 | 6 |
|---|---|---|
| 待烘烤至全乾。 | 靜置至愛素糖完全硬化，餅乾可以取下為止。 | 透明愛素糖餅乾製作完成。 |

# Step ⑧ 橘子糖粒

Step ①
Step ②
Step ③
Step ④
Step ⑤
Step ⑥
Step ⑦
Step ⑧

**1**

乾性糖霜搭配 10 號花嘴，花嘴 90 度拿取，高度1公分。
（請見模板 P.225）

**2**

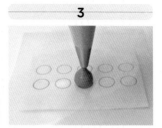

定點不動，開始施力，擠至模板差不多大小。

**3**

擠出飽滿的圓。

**4**

高度大約1～1.5公分。

**5**

筆刷沾水，輕壓把糖霜尖部壓平。

**6**

使輕壓後的橘子糖粒看起來圓滑，待烘烤至乾。

**7**

烘烤完成的橘子糖粒。

**8**

加上葉子。

**9**

使用乾性糖霜繪上梗，待烘烤至乾。

## Step ⑨ 組裝

### 1

準備繪製好的餅乾。

### 2

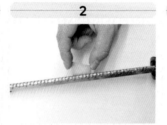

梯形餅乾為支撐用,務必確認是直角,可用刨刀修飾。

### 3

神貓背面擠中性糖霜。

### 4

將梯形餅乾與神貓結合。

### 5

神貓底部與梯形餅乾底部擠上中性糖霜。

### 6

黏貼於中間偏後方位置。

### 8

將紫色五瓣花底部擠上一點糖霜。

### 9

斜放於神貓右下角。

### 10

將橘子糖粒黏上,可自由配置。

# 森林小屋

點盞燈，在深處的世界裡
都有我的陪伴。

## Home Made
# 工具與色票

工具區塊
**no. 1**

### 工具材料

○ 1. 食用色粉棕色
○ 2. 食用色粉蜜桃色
○ 3. 花嘴 7 號 x3
○ 4. 花嘴 23 號

○ 5. 竹牙籤
○ 6. 鑷子
○ 7. 筆針
○ 8. 食用色素筆

○ 9. 小抹刀
○ 10. 扁頭畫筆
○ 11. 小毛圭筆

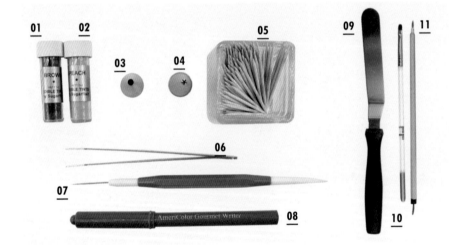

工具區塊
**no. 2**

### 裸餅

餅乾模板
P.226

正門　　背面

右側開窗屋頂　左側屋頂

開窗屋頂上部

左側面　右側面

開窗屋頂左右

底座

★餅乾烘烤完側邊多少會有些不平整，可以使用刨刀修飾，讓房子組裝起來不會有縫隙。

★底座部分需要刨刀把側面的直角磨掉。

**糖霜色票**

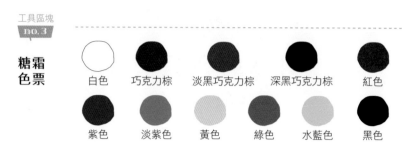

白色　巧克力棕　淡黑巧克力棕　深黑巧克力棕　紅色

紫色　淡紫色　黃色　綠色　水藍色　黑色

## 糖霜濃度＆色票

濃度 →

|  | 乾性 | 中性 | 濃性 | 濕性 |
|---|---|---|---|---|
| 白色 | ○ |  | ○ | ○ |
| 巧克力棕<br>Ac:Chocolate Brown | ● |  |  |  |
| 淡黑巧克力棕<br>Wilton:Brown ＋<br>竹炭粉 | ● |  |  |  |
| 深黑巧克力棕<br>Ac:Chocolate Brown<br>＋ 竹炭粉 | ● |  |  |  |
| 紅色<br>Sugarflair:Red extra<br>＋ Wilton:Brown | ● |  | ● |  |
| 紫色<br>Wilton:violet |  | ● |  |  |
| 淡紫色<br>Wilton:violet |  | ● |  |  |
| 綠色<br>Wilton:Moss green | ● |  |  |  |
| 黃色<br>Wilton:Golden yellow |  | ● |  |  |
| 水藍色<br>Wilton:Sky Blue | ● |  |  |  |
| 黑色竹炭粉 |  | ● |  |  |

顏色 ↓

# LET'S DO IT !!

## Step ① 木屋組合

| 1 | 2 | 3 |
|---|---|---|
|  |  | 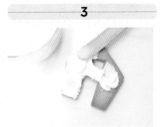 |
| 工具：乾性糖霜、小抹刀、竹牙籤。<br>餅乾：正面及背面。 | 使用抹刀挖取乾性糖霜。 | 將糖霜壓抹至餅乾上。 |

| 4 | 5 | 6 |
|---|---|---|
| 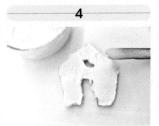 | 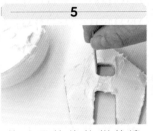 |  |
| 將餅乾全部塗滿，厚度0.1～0.2公分，糖霜表面無須平整，保留粗獷紋路。 | 使用牙籤修飾餅乾邊緣，將多餘的糖霜刮除。 | 使用抹刀側面，在糖霜上方輕壓出線條，以製作木片的效果。 |

| 7 | 8 | 9 |
|---|---|---|
|  |  | 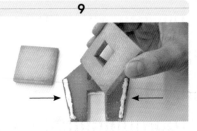 |
| 完成壓紋待烘烤約15分至全乾。 | 背面也比照正面壓紋方式，待烘烤。 | 將烘烤完成的餅乾取出，在房屋正面餅乾的背面左右兩邊擠上乾性糖霜，再將房屋側邊餅乾黏貼上去。 |

| 10 | 11 | 12 |
|---|---|---|
| 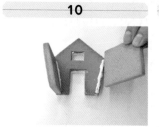 |  |  |
| 將另一邊也黏貼上去。 | 檢查是否黏貼正。 | 再將房屋背面的餅乾黏貼上。 |

| 13 | 14 | 15 |
|---|---|---|
|  |  |  |
| 完成後待烘烤約 15 分至全乾。 | 將糖霜壓抹至房屋側面餅乾上。 | 厚度 0.1～0.2 公分，糖霜表面無須平整，保留粗獷紋路。側邊多餘的糖霜使用牙籤刮除修飾。 |

| 16 | 17 |
|---|---|
|  |  |
| 使用抹刀側面，在糖霜上方輕壓出線條，製作木片的效果。 | 另一面房屋側面也是比照一樣做法，完成後待烘烤約 15 分至全乾。 |

## Step ② 木屋側面繪製

### 1

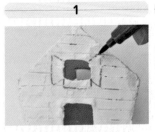

**使用色素筆打底稿**：窗門及窗台盆栽輪廓。

### 2

巧克力棕乾性糖霜再描繪一次。

### 3

並以拉線方式填滿，不需要太整齊。

### 4

製作出自然木條感。

### 5

點上黑色乾性糖霜繪製釘子。

### 6

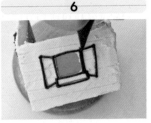

側邊窗戶描繪。

### 7

並以拉線方式填滿，不需要太整齊，製作出自然木條感。

### 8

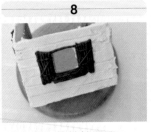

點上黑色乾性糖霜繪製釘子。

### 9

使用中性糖霜繪製樹枝。

| 10 | 11 | 12 |
|---|---|---|
|  |  |  |
| 使用 23 號花嘴,隨性擠花製作單朵小花,即可完成。 | 使用綠色中性繪製薰衣草花梗。 | 使用深紫色中性糖霜以小圓點擠花方式組合成薰衣草。 |

| 13 | 14 | 15 |
|---|---|---|
|  |  |  |
| 薰衣草花型彎曲方向不要一致才能有真實感。 | 使用淡紫色中性糖霜穿插點綴增加薰衣草層次感。 | 使用乾性糖霜擠出薰衣草細長的葉子。 |

| 16 | 17 | 18 |
|---|---|---|
|  |  |  |
| 葉子堆疊營造層次感。 | 窗台擠上短葉子。 | 使用中性糖霜以螺旋擠加轉兩圈半方式擠出小花。 |

| 19 | 20 | 21 |
|---|---|---|
|  |  |  |
| 隨性堆疊。 | 加上白色中性糖霜穿插點綴。 | 藍色小花再補上白色花蕊即可完成。 |

| 22 | 23 | 24 |
|---|---|---|
|  | 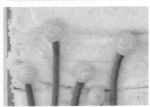 | 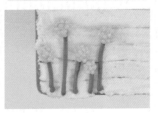 |
| 使用綠色中性糖霜繪製花梗。 | 使用黃色中性糖霜擠一個圓型基座。 | 在基座上面點小圓點覆蓋。 |

| 25 | 26 | 27 |
|---|---|---|
|  |  |  |
| 加上葉子。 | 另一片側邊牆面可自由搭配小花。 | 準備窗戶框架模板製作糖片。（模板 P.229） |

| 28 | 29 | 30 |
|---|---|---|
| 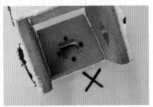 |  | 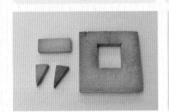 |
| 使用乾性糖霜描繪中間框架,待烘烤至全乾。 | 在窗戶背面擠上糖霜。 | 將事先製作好的窗架糖片黏貼上去。 |

## Step ③ 屋頂

| 1 | 2 | 3 |
|---|---|---|
| 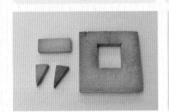 | 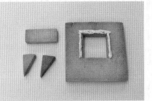 |  |
| 開窗屋頂組裝。 | 在方形窗戶上方及左右擠乾性糖霜。 | 先黏貼上方。 |

| 4 | 5 | 6 |
|---|---|---|
|  |  |  |
| 再貼上左右側邊,待烘烤至乾。 | 棕色 3 色調乾性糖霜,搭配 7 號花嘴。 | 以水滴擠花方式,做出瓦片效果,從屋頂底部開始擠。 |

| 7 | 8 | 9 |
|---|---|---|

 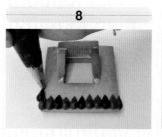 

3個顏色需交錯使用，
完成一排。

第二排須與第一排錯開擠。

擠在第一排2個水滴
中間位置。

| 10 | 11 | 12 |
|---|---|---|

擠滿整個平面。

保留下方開窗部份。

沿著窗戶側邊立面擠。

| 13 | 14 | 15 |
|---|---|---|

擠一排直線。

接著上方。

完成一個ㄇ字型。

小屋 森林

Step
1

Step
2

Step
3

Step
4

Step
5

Step
6

Step
7

Step
8

Step
9

**16**

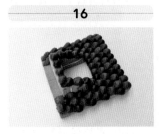

填滿側邊三角型範圍。

**17**

第二排需與第一排錯開擠。

**18**

窗戶上蓋。

**19**

最後將剩下的部分全部補齊，完成待烘烤至全乾。

**20**

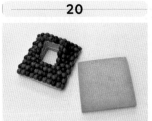

另一片屋頂比照先前擠花步驟。

**21**

一排一排依序完成。

**22**

屋頂完成待烘烤至全乾。

**23**

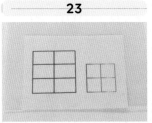

準備窗戶框架模板製作糖片。（模板 P.229）

**24**

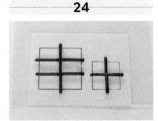

使用乾性糖霜描繪中間框架，待烘烤至全乾。

| 25 | 26 | 27 |
|---|---|---|
|  | 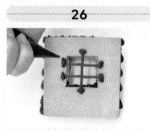 |  |
| 準備開窗屋頂跟烘烤完成的窗架。 | 將窗架貼上，於上方補上糖霜黏貼固定。 | 烘烤完成成品。 |

## Step ④ 香菇糖片

| 1 | 2 | 3 |
|---|---|---|
| 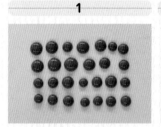 |  | 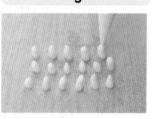 |
| 使用濃性糖霜擠出尺寸介於 0.3～0.6 公分左右飽滿的圓點。 | 在紅點未乾的狀態使用濕性糖霜補上小圓點，做出香菇的圓點紋路，待烘乾至可以剝落為止。 | 使用中性糖霜，在饅頭紙上垂直擠出高度約 0.5～1 公分柱狀的香菇梗，待烘乾至可以剝落為止。 |

| 4 | 5 | 6 |
|---|---|---|
| 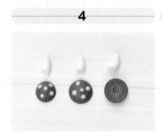 |  | 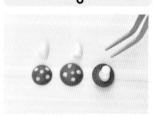 |
| 將烘烤好的糖片進行組裝。 | 在香菇頭背面擠上一點糖霜。 | 將香菇梗黏貼上去，再進行烘烤至乾。 |

# Step ⑤ 兔子糖片

| 1 | 2 | 3 |
|---|---|---|
|  |  |  |
| 準備兔子糖片模板。<br>（模板 P.229） | 擠上濃性糖霜填滿兔子身體部分，待烘烤約 15分半乾狀態。 | 再將耳朵分 2 次補上糖霜及尾巴，待烘烤至全乾。 |
| 4 | 5 | 6 |
| 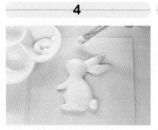 |  |  |
| 扁頭筆刷沾取濃性糖霜。 | 筆刷以輕拍繪製的方式，在糖片上做出絨毛的效果。 | 烘烤至全乾。 |
| 7 | 8 | 9 |
|  |  |  |
| 將色粉加點伏特加調製，繪製兔子耳朵。 | 使用乾性糖霜加上眼睛。 | 烘烤至全乾。 |

Step 1
Step 2
Step 3
Step 4
Step 5
Step 6
Step 7
Step 8
Step 9

## Step ⑥ Hope 木片 & 小木塊、糖片

| 1 | 2 | 3 |
|---|---|---|
|  | 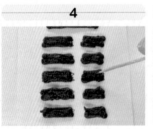 |  |
| 準備木片模板。<br>（模板 P.229） | 使用乾性糖霜填滿區塊，花嘴需要剪粗些，擠出來的糖霜量才會多，做出來的糖片才會厚實。 | 可來回重複堆疊擠，讓木塊呈現更有立體感。 |

| 4 | 5 | 6 |
|---|---|---|
|  |  |  |
| 使用小牙籤在上層隨意刮線，製作出木紋效果。 | 大木塊寫上 Hope 字樣，待烘烤至全乾。 | **青苔效果**：使用中性糖霜隨意擠出。 |

| 7 | 8 | 9 |
|---|---|---|
|  | | |
| 將事先製作好的草地餅乾砂灑在上層（草地餅乾砂作法請參考 P.116）。 | 全部覆蓋。 | 糖片乾燥後將多餘的餅乾砂清乾淨，即可做出綠色青苔效果。 |

# Step ⑦ 木門糖片

| 10 | 11 | 12 |
|---|---|---|
| 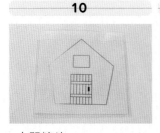 | 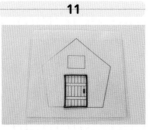 | 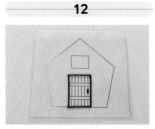 |
| 木門糖片。<br>（模板 P.229） | 使用乾性糖霜先描繪木門邊框。 | 再將其填滿糖霜。 |

| 13 | 14 | 15 |
|---|---|---|
| 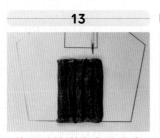 |  |  |
| 使用牙籤刮出木紋及木片區塊。 | 拉出 4 條橫線。 | 使用黑色乾性糖霜繪製釘子。 |

| 16 |
|---|
|  |
| 最後加上門把，待烘烤至全乾，即可完成。 |

小森林屋

Step ①
Step ②
Step ③
Step ④
Step ⑤
Step ⑥
Step ⑦
Step ⑧
Step ⑨

## Step 8 草地餅乾砂效果製作

| 10 |
|---|

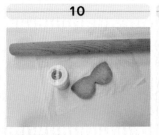

**準備工具：**
桿麵棍、裸餅、綠色色膏、塑膠袋。

| 11 |
|---|

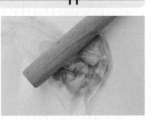

將餅乾放置塑膠袋內。

| 12 |
|---|

使用桿麵棍將餅乾敲碎，成粉末狀。

| 13 |
|---|

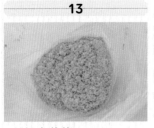

至粉末狀態。

| 14 |
|---|

將色膏加入餅乾粉中。

| 15 |
|---|

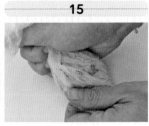

將色膏與餅乾粉仔細搓揉至融合在一起。

| 16 |
|---|

餅乾粉與色膏融合後可使用低溫烘烤一下（因為色膏帶水份）。

# Step ⑨ 組裝

Step ①
Step ②
Step ③
Step ④
Step ⑤
Step ⑥
Step ⑦
Step ⑧
Step ⑨

### 1

準備底座＋組裝好的木屋主體。

### 2

在主體底部擠上中性糖霜。

### 3

屋體置中，背面靠著邊緣貼齊。

### 4

使用中性糖霜將整個底座擠滿。

### 5

準備草地餅乾砂。

### 6

將草地餅乾砂覆蓋在有綠色的糖霜的底座，待烘烤至全乾，即可將多餘的餅乾砂清除。

### 7

**木屋刷色**：準備色粉及筆刷。

### 8

沾取色粉後，先在衛生紙上輕刷掉一點色粉，再刷上木屋，顏色才不會太重。

### 9

重複堆疊色粉可以加深復古效果。

| 10 | 11 | 12 |
|---|---|---|

右側面刷色。

正面刷色。

左側面刷色。

| 13 | 14 | 15 |
|---|---|---|

使用乾性糖霜框一個ㄇ字型門框。

將製作好的門片貼上。

保留一點門縫，不要全部合上。

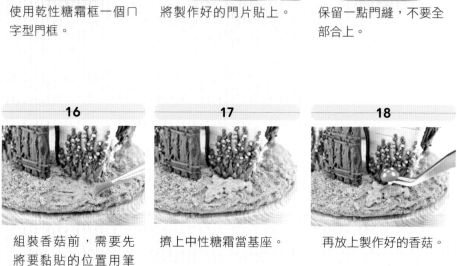

| 16 | 17 | 18 |
|---|---|---|

組裝香菇前，需要先將要黏貼的位置用筆刷把餅乾砂刷乾淨，否則無法黏貼牢固。

擠上中性糖霜當基座。

再放上製作好的香菇。

Step
1

Step
2

Step
3

Step
4

Step
5

Step
6

Step
7

Step
8

Step
9

**19**

組裝香菇需要有高低黏貼。

**20**

最後將餅乾砂灑在綠色基座上做最後覆蓋，待烘烤至乾。

**21**

任何需有香菇裝飾的地方都比照步驟 16〜20。

**22**

**木塊黏貼**：組裝前，先將要黏貼的位置用筆刷把餅乾砂刷乾淨，再擠上乾糖霜黏貼，隨意配置想要黏貼的位置。

**23**

正面木屋以兔子糖片黏貼。

**24**

背面木屋也黏上兔子糖片。

**25**

**屋頂組裝**：先將木屋屋頂擠上乾性糖霜。

**26**

再將屋頂貼上。

**27**

按壓屋頂黏貼確實。

**28**

先在兩片屋頂間的縫隙，使用 7 號花嘴乾性糖霜，擠上一條基座。

**29**

在基座靠右側位子，以水滴擠花方式，做出瓦片效果。

**30**

連續擠一排，左側位置以同樣方式擠出另一排。

**31**

完成後，待烘烤至乾。

**32**

**青苔效果**：使用乾性糖霜隨意擠出基座

**33**

再撒上餅乾砂。

**34**

屋頂與木屋的交界也擠上乾性糖霜。再撒上餅乾砂，做一些青苔效果。

**35**

完成後待烘烤至全乾。烘烤完畢可將多餘的餅乾砂清落。

**36**

最後將事先製作好木片貼在屋頂上。

# NOTE

# 落雨櫻

淋完一場櫻花雨，
把暖意溼潤至心裡。

# 工具與色票

工具區塊
no.1

**工具材料**

○ 1. 花釘
○ 2. 粉紅色、白色糖珠
○ 3. 半圓形矽膠模 7 公分
○ 4. 白油

○ 5. 饅頭紙
○ 6. 食用色粉蜜桃色
○ 7. 花嘴 264 號
○ 8. 桿麵棍
○ 9. 小毛圭筆

○ 10. 食用色素筆
○ 11. 針筆
○ 12. 紙棒約 11 公分
○ 13. 鑷子
○ 14. 翻糖滾輪

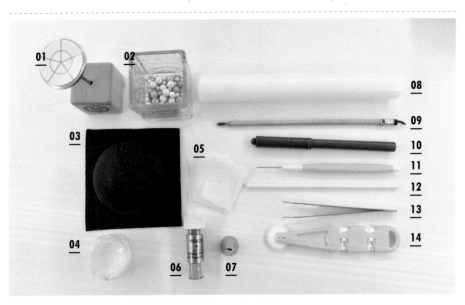

工具區塊
no.2

**裸餅**

模板見 P.230
《使用薑餅配方》

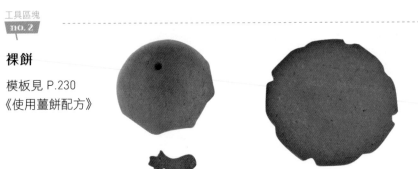

**翻糖色票**

白色　　淡粉紅色　　淡黃色　　紅色　　綠色

## 糖霜濃度＆色票

顏色 →

| | 乾性 | 中性 | 濃性 | 濕性 |
|---|---|---|---|---|
| 白色 | ⚪ | ⚪ | | ⚪ |
| 淡粉紅<br>Sugarflair:Red extra ＋<br>Wilton:Brown<br>一點點 | 🔴 | | | 🔴 |
| 淡黃色<br>Wilton:Golden yellow | | 🟡 | | |
| 紅色<br>Sugarflair:Red extra ＋<br>Wilton:Brown | | ⚫ | | |
| 綠色<br>Wilton:Moss green | | | | 🟢 |

濃度 ↓

# LET'S DO IT !!

## Step ① 雨傘餅乾體製作

**1**

準備薑餅麵皮,餅乾切模 10.5 公分,半圓形矽膠模 7 公分,雨傘紙模板。(雨傘紙模見 P.231)

**2**

將整形好的麵皮使用圓形切模壓出需要的形狀。

**3**

再將紙模放在壓好麵皮上方,使用一樣的切模,沿著紙模形狀切出雨傘造型。

**4**

雨傘切邊完成。

**5**

放在黑色矽膠模正上方。

**6**

等麵皮自然軟化下垂。

**4**

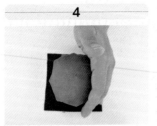

使用手掌輕壓。

**5**

讓麵皮與矽膠模具貼合。

**6**

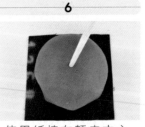

使用紙棒在麵皮中心戳洞。

**10**

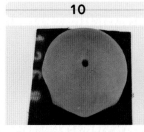

完成即可送冷藏冰約 15
分鐘,再送烤箱烘烤,
160 度烤 20〜30 分鐘。

**11**

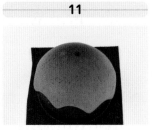

烘烤完成。

## Step 2 底座

**1**

底座餅乾。

**2**

中性糖霜描邊框。

**3**

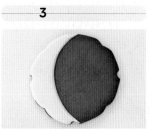

填上濕性糖霜。

**4**

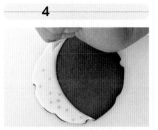

**櫻花拉花**:濕加濕技法在
白色濕性糖霜未乾前,點
上粉紅色濕性糖霜。

**5**

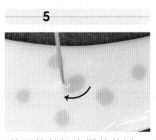

使用筆針拉出櫻花花瓣
尖端。

**6**

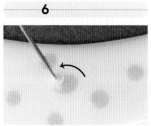

再拉出另一端。

| 7 |
|---|

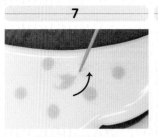

往下拉出花瓣底端。

| 8 |
|---|

由於拉花面積比較大，
所以動作要快，在糖霜
未乾前完成全部拉花，
待烘烤至半乾。

| 9 |
|---|

填入綠色濕性糖霜。

| 10 |
|---|

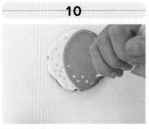

在下半部位子，隨性點
上小圓點。

| 11 |
|---|

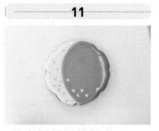

做出櫻花濕性拉花。

| 12 |
|---|

完成後，待烘烤至全
乾。

| 13 |
|---|

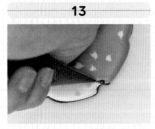

在白色與綠色交界處，
使用中性糖霜做出貝殼
裝飾擠花。

| 14 |
|---|

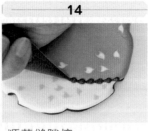

順著縫隙擠。

| 15 |
|---|

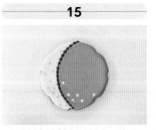

貝殼裝飾擠花完成。

| 16 | 17 | 18 |
|---|---|---|
| 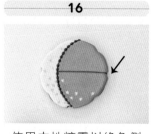 |  |  |
| 使用中性糖霜以綠色側邊中心為起始點，拉出直線。 | 在中線左右再拉出另外2條，成4等份。 | 分別在 4 個小區塊內的中間拉一條線，共 7 條線，完成後待烘烤至全乾。 |

## Step ③ 雨傘

| 1 | 2 | 3 |
|---|---|---|
|  | 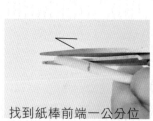 | 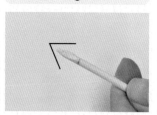 |
| 準備雨傘餅乾及紙棒。 | 找到紙棒前端一公分位置。 | 剪成尖狀。 |

| 4 | 5 | 6 |
|---|---|---|
|  | 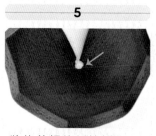 |  |
| 在餅乾上預留的小孔洞擠入糖霜。 | 將修剪好的紙棒插入一公分。 | 插入後再補上一些糖霜固定。 |

Step ①
Step ②
Step ③
Step ④
Step ⑤
Step ⑥
Step ⑦
Step ⑧

### 7

可將黏好紙棒的餅乾放在杯子上架著，待烘烤至全乾。

### 8

**傘面製作工具**：翻糖80g、翻糖滾刀、桿麵棍、6寸慕絲圈、玉米粉。

### 9

桌面灑上少許玉米粉（避免翻糖黏在桌面）。

### 10

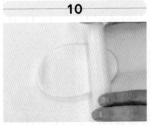

將翻糖桿平整，厚度約2mm。

### 11

使用6寸慕斯圈在桿平的翻糖上壓出形狀。

### 12

壓好的翻糖。

### 13

將紙棒對準翻糖圓心。

### 14

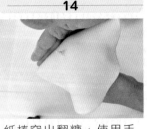

紙棒穿出翻糖，使用手掌輕壓將翻糖與餅乾，做貼合。

### 15

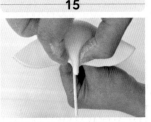

順著餅乾形狀輕壓。

**16**

將翻糖整出餅乾雨傘形狀。

**17**

將翻糖往內折。

**18**

確認翻糖完全貼合餅乾。

**19**

中間紙棒如有不牢固，可使用一點翻糖加強固定。

**20**

傘面完成。

**21**

**雨傘握柄製作：**
灰色翻糖搓成圓球1公分。

**22**

搓成長條狀約3公分。

**23**

將翻糖插入紙棒約1公分做結合。

**24**

將翻糖多出的翻糖折彎，做出雨傘握柄。

Step 1
Step 2
Step 3
Step 4
Step 5
Step 6
Step 7
Step 8

### 25

使用翻糖虛線滾刀。

### 26

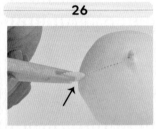

由頂端往雨傘邊尖部，
滾出虛線紋路。

### 27

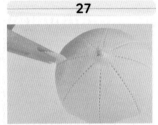

滾出8條虛線。

### 28

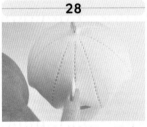

於兩條虛線中間，再滾
出1條虛線。

### 29

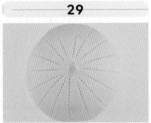

共16條虛線。

### 30

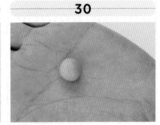

**傘尾製作：**
將灰色翻糖搓成圓球
狀。

### 31

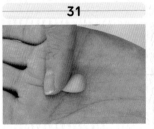

手指輕壓一側搓尖。

### 32

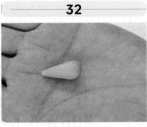

做成一個水滴狀約1.5
公分。

### 33

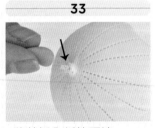

將其插入紙棒頂端。

Step
1

Step
2

Step
3

Step
4

Step
5

Step
6

Step
7

Step
8

**34**

並使用糖霜黏貼。

**35**

使用乾性糖霜,將花嘴剪成葉子花嘴,於尖端的虛線擠。

**36**

沿虛線做出貝殼擠花裝飾線。

**37**

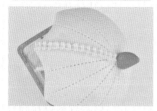

可以將雨傘架在杯子上,會比較容易操作。

**38**

製作8條裝飾線,待烘烤至全乾。

**39**

烘烤完成再將雨傘倒過來放,沿著傘面側邊做出一樣的貝殼裝飾擠花。

**40**

繞行一圈。

**41**

在尖端的位子黏上糖珠,待烘烤至乾。

## Step ④ 櫻花擠花

**1**

**櫻花糖霜調色：**
準備粉紅色糖霜＆白色
糖霜。

**2**

將糖霜輕拌約3～4下。

**3**

將拌好的糖霜裝入擠
花袋中，搭配264號花
嘴。

**4**

**整朵櫻花擠花：**
將饅頭紙黏貼。

**5**

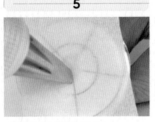

花嘴45度角拿取。

**6**

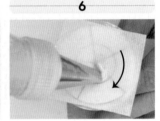

由中心向外移動。

**7**

花釘逆時針旋轉，花嘴
往圓心方向移動。

**8**

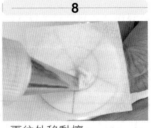

再往外移動擠。

**9**

最後往圓心收尾，完
成單片櫻花花瓣。

落雨櫻

Step 1
Step 2
Step 3
Step 4
Step 5
Step 6
Step 7
Step 8

**10**

櫻花單片花瓣，花嘴移動的手勢像是一個愛心。

**11**

總共要擠5瓣花瓣

**12**

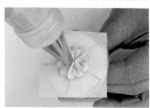

最後一瓣收尾時花嘴改成垂直花釘90度，花嘴稍微提起來，才不會壓到第一片花瓣。

**13**

櫻花完成，待烘烤至全乾。

**14**

烘烤乾的糖花，準備食用色粉進行刷色。

**15**

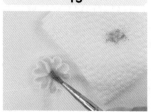

由內向外刷。

**16**

花瓣邊緣也可以隨性刷色，刷色後的櫻花層次更多，更顯柔美。

**17**

刷色前　刷色後

刷色前後比對。

**18**

使用黃色中性糖霜隨性點出花蕊，待烘烤至乾，櫻花完成。

## Step ⑤ 櫻花單片花瓣

|   |
| --- |
| **1** |

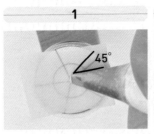

使用 264 花嘴，花嘴 45
度角拿取。

|   |
| --- |
| **2** |

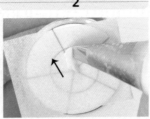

花嘴由中心出發，擠的
手勢成愛心形，先向外
移動。

|   |
| --- |
| **3** |

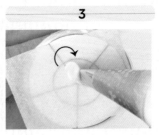

再向內，花釘逆時針
轉。

|   |
| --- |
| **4** |

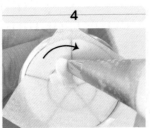

再向外移動。

|   |
| --- |
| **5** |

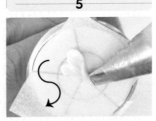

最後向下移動的時候，
做出 S 型的移動，使花
瓣有曲線。

|   |
| --- |
| **6** |

最後將花半固定在一個
有弧度的曲面中，一起
烘烤。

|   |
| --- |
| **7** |

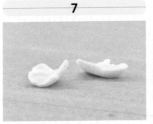

烘烤完成的花瓣將會有
個弧度，不會只是死板
板的平面，再刷上色粉
即可完成。

## Step ⑥ 櫻花雨傘組裝

**1**

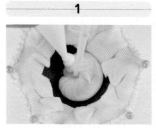

將雨傘凹部擠上乾性糖霜，將凹槽稍微補平墊。

**2**

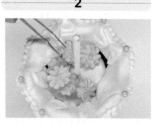

將做好的櫻花黏上。

**3**

也將單片小花瓣穿插黏貼。

**4**

櫻花黏貼高度，稍微高出雨傘面。

**5**

在花與花縫隙間擠上葉子。

**6**

葉子為點綴用，別擠太大。

**7**

最後黏上糖珠點綴，待烘烤至全乾。

**8**

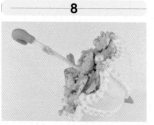

雨傘結合櫻花組裝完成。

Step ①
Step ②
Step ③
Step ④
Step ⑤
Step ⑥
Step ⑦
Step ⑧

## Step ❼ 小鳥

### 1
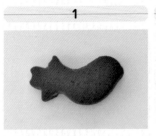

準備小鳥餅乾。

### 2

色素筆繪製草圖。

### 3
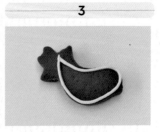

中性糖霜描邊框。

### 4
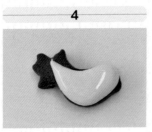

填入濕性糖霜。

### 5

待烘烤至全乾。

### 6

使用中性糖霜繪製長形水滴翅膀。

### 7

在長形水滴翅膀下方再加上一個比較短的水滴。

### 8

尾巴加上古典裝飾線。

### 9

使用黃色中性糖霜加上嘴巴，待烘烤至全乾，即可完成。

落雨櫻

Step 1
Step 2
Step 3
Step 4
Step 5
Step 6
Step 7
Step 8

## Step ⑧ 蝴蝶糖片

| 10 | 11 | 12 |
|---|---|---|
| 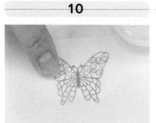 | 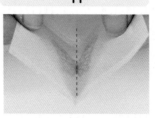 |  |
| 準備蝴蝶糖片模板,貼上饅頭紙塗上白油。(模板 P.231) | 將完成的模板,以蝴蝶為中心對折成兩半。 | 再攤開開始描繪,使用中性糖霜。 |

| 13 | 5 | 6 |
|---|---|---|
|  |  |  |
| 注意拉的線都要確實接合在一起,才能降低糖片破裂。 | 一樣方式繪製另一半蝴蝶翅膀。 | 以貝殼擠花方式繪製蝴蝶身體。 |

| 7 | 8 | 9 |
|---|---|---|
|  |  |  |
| 加上蝴蝶觸鬚。 | 將繪製好的糖片固定成對折後成 45 度角的角度,待烘烤至全乾。 | 蝴蝶糖片完成。 |

## Step ⑨ 整體組裝

**準備好已經繪製完成的：**
底座，櫻花雨傘，小鳥，
蝴蝶。

將櫻花雨傘黏固在後方。

黏貼小鳥。

將櫻花糖花黏貼（從雨
傘上方延伸至底座），
隨性配置。

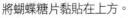

將蝴蝶糖片黏貼在上方。

# 貝兒的禮服

自信，是我最美麗的妝扮；
溫柔，是你最良實的陪伴。

## *Home Made*

# 工具與色票

**工具
材料**

○ 1. 桿麵棍
○ 2. 花釘
○ 3. 饅頭紙
○ 4. 矽膠翻糖模具
○ 5. 伏特加
○ 6. 白油
○ 7. 韓國花嘴 264 號
○ 8. 韓國花嘴 0 號
○ 9. 金色食用色粉

○ 10. 棕色食用色粉
○ 11. 裝飾銀珠
○ 12. 半圓形矽膠模具 7 公分
○ 13. 小毛圭筆
○ 14. 食用色素筆
○ 15. 筆針
○ 16. 鑷子
○ 17. 紙棒 6 公分
○ 18. 長條紙片 1x13.5 公分

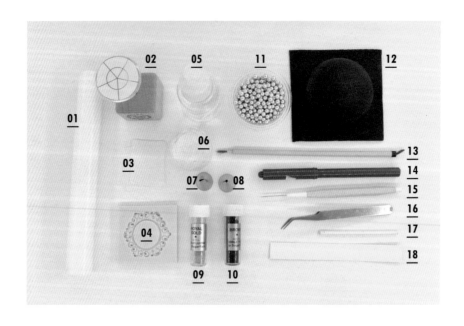

## 裸餅

模板見 P.232
《使用薑餅配方》

## 翻糖色票

| 黃色 | 白色 | 紅色 | 皇家藍 | 金色 | 綠色 |

## 糖霜濃度 & 色票

濃度 →

| | 乾性 | 中性 | 濃性 | 濕性 |
|---|---|---|---|---|
| 白色 | ○ | | | |
| 黃色<br>Wilton:Golden Yellow | | ● | ● | |
| 紅色<br>Sugarflair:Red extra | ● | | | |
| 皇家藍<br>Wilton:Royal Blue | | ● | | ● |
| 金色 Wilton:Brown ＋<br>Golden Yellow 1:2 | | ● | | |
| 綠色<br>Wilton:Moss Green | ● | | | |

顏色 ↓

# LET'S DO IT !!

## Step ① 禮服

### 1

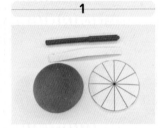

**準備蓬裙模板：**
7公分半圓形餅乾、
食用色素筆、
長條紙片1×13.5公分、
（模板 P.232）

### 2

將餅乾放在模板的正上
方，在餅乾上方正中心
位置做記號。

### 3

依照蓬裙紙板分塊，使
用紙片對準圓心連線。

### 4

先分割為4等份。

### 5

再依序細分。

### 6

共繪製成12條線。

### 7

使用直徑約 5 公分的圓
形器具，放在餅乾正中
間，使用筆針沿著器具
做記號。

### 8

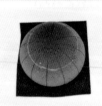

繪製完成。

### 9

使用中性糖霜，描繪
分線。

| 10 | 11 | 12 |
|---|---|---|

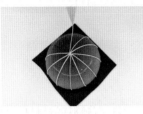  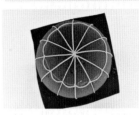

拉線時，手勢要抬高，拉線才會漂亮。

以步驟 7 記號為起始點，開始拉弧線。

繞行一圈。

| 13 | 14 | 15 |
|---|---|---|

使用濃糖霜填色，由於餅乾是曲面，所以糖霜會因地吸引力影響往下流。

為避免糖霜流出框線外面，填色時要非常注意糖霜量，填色中不要晃動餅乾，容易造成糖霜流出。

以跳格方式填色，先完成一半，待烘烤至半乾。

| 16 | 17 | 18 |
|---|---|---|

再將空的位子補上糖霜，待烘烤至半乾。

蓬裙下半部拉弧線，平均分成 8 等份，共拉 7 條弧線。

以跳格方式填入濃糖霜。

| 19 | 20 | 21 |
|---|---|---|
| 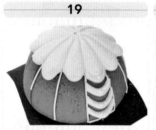 |  |  |
| 從側面觀看，填入的糖霜要有飽滿度，但不能流出框線外。 | 列與列間須錯開填色，這樣裙擺的層次才會明顯。 | 完成半邊的蓬裙，待烘烤至半乾。 |

| 22 | 23 | 24 |
|---|---|---|
|  |  |  |
| 再將空位子的裙擺層次補上糖霜。 | 烘烤至半乾。 | 另外半邊的裙擺，比照步驟17～22。 |

| 25 | 26 | 27 |
|---|---|---|
| 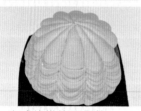 |  |  |
| 完成待烘烤至全乾。 | 將做好的禮服上衣黏貼至蓬裙上方（禮服上衣製作請參考 P.154）。 | 黏貼完成。 |

Step 1
Step 2
Step 3
Step 4
Step 5
Step 6

### 28

在衣服中空位子填入約 1 分滿的糖霜，待烘烤置半乾。

### 29

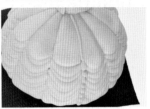

蓬裙下半部使用中性糖霜，貝殼擠花裝飾。

### 30

蓬裙上半部改拉直線裝飾。

### 31

完成裙擺直列的裝飾。

### 32

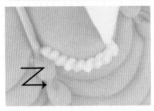

使用中性糖霜，以 Z 字行移動方式沿著弧線的縫擠出糖霜，做出仿蕾絲邊裝飾。

### 33

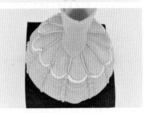

完成一圈。

### 34

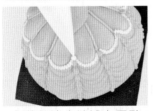

在蕾絲邊尖端補上圓點裝飾。

### 35

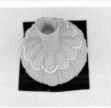

完成圓點裝飾。

### 36

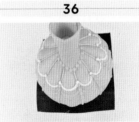

在禮服上衣與蓬裙銜接處以貝殼擠花裝飾。

| 37 | 38 | 39 |
|---|---|---|
|  |  | |

由中間為起始點，分成左邊右邊擠，待烘烤至乾。

將蓬裙翻至背面（可以放在杯子固定），使用乾性糖霜搭配花嘴81號，以45度拿取。

以貝殼擠花方式擠出糖霜，花嘴口中心靠近黃色裙擺外圍擠，這樣做出來的荷葉邊效果才會比較明顯。

| 40 | 41 | 42 |
|---|---|---|
|  |  |  |

沿著邊緣擠一圈。

完成後待烘烤至乾。

側面可以看出明顯的荷葉邊效果。

| 43 | 44 | 45 |
|---|---|---|
| 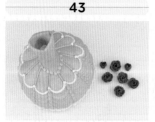 | 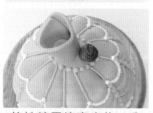 |  |

**玫瑰捧花組裝**：準備事先製作好的糖花約大玫瑰花×4及小花苞×3（玫瑰花製作請參考P.155）。

乾性糖霜擠高度約一公分的基座。

將糖花以45度角黏貼上，以它為中心。

Step 1
Step 2
Step 3
Step 4
Step 5
Step 6

**46**

在外圍貼上適當大小的糖花。

**47**

以綠色中性糖霜拉出 2 條藤蔓。

**48**

在縫隙間補上葉子，待烘烤至乾。

**49**

在花瓣邊緣輕刷上金色食用顏料（金粉＋伏特加）。

**50**

使用乾性糖霜搭配花嘴 13 號，花嘴 45 度拿取，以貝殼擠花方式擠出糖霜。

**51**

以前端為起始點先做一側半邊。

**52**

再做另一次半邊。

**53**

完成，待烘烤至乾。

**54**

**禮服刷色**：棕色食用色粉，小毛圭筆，衛生紙。

| 55 | 56 | 57 |
|---|---|---|
|  |  |  |
| 沾取微量色粉，輕刷至蓬裙的接縫出，刷色可使蓬裙層次感更明顯。 | 蓬裙上半部的刷色由頂端向下。 | 刷色完成。 |

## Step ② 禮服上衣

| 1 | 2 | 3 |
|---|---|---|
| 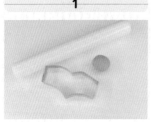 |  |  |
| 準備幹麵棍，自製禮服折模，翻糖。（模板 P.233） | 將翻糖桿成長條形，厚度約0.2公分。 | 再將模子壓上。 |

| 4 | 5 | 6 |
|---|---|---|
|  | 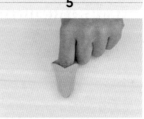 | 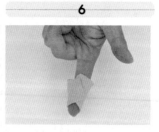 |
| 完成壓模。 | 將壓型好的翻糖，包覆在食指上，下窄上寬。 | 再將背面重複的部分沾點水黏合，多餘的部分可以裁減掉。 |

| 7 | 8 | 9 |
|---|---|---|
| 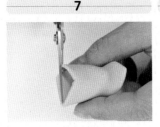 |  |  |
| 上方也修剪平整。 | 將上衣立在半球模型中心。 | 禮服前段需要輕壓貼合球面,靜置在旁備用。 |

## Step ③ 糖花玫瑰 & 小花苞

| 1 | 2 | 3 |
|---|---|---|
| 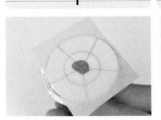 |  |  |
| 將饅頭紙黏貼在花釘上。 | 花嘴與花釘表面呈45度角,花釘逆時針旋轉。 | 繞一圈半做出錐形花心。 |

| 4 | 5 | 6 |
|---|---|---|
|  |  |  |
| 第二層,花瓣要以畫拋物線手勢擠出,略高於中間花心,花釘逆時針旋轉。 | 以同樣方式共擠3片花瓣,小花苞即可完成。 | 花嘴向外45度角拿取,一樣以畫拋物線手勢擠出,略高於第二層,做出第三層的第一片花瓣。 |

Step ①
Step ②
Step ③
Step ④
Step ⑤
Step ⑥

155

| 7 | 8 | 9 |
|---|---|---|
| 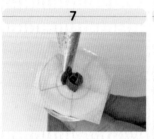 | 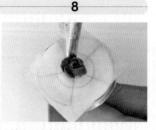 | 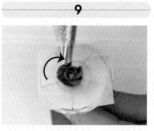 |
| 在第一片二分之一位子，重疊擠出第二片，大小一致。 | 第三片花瓣。 | 第四片花瓣。 |

| 10 | 11 |
|---|---|
|  |  |
| 第五片花瓣，第三層花瓣可做5瓣或6瓣，注意花型要圓即可。 | 完成的糖花待烘烤至全乾即可。 |

## Step 4 底座

| 1 | 2 | 3 |
|---|---|---|
|  |  |  |
| 準備花型餅乾。 | 中性糖霜描邊框。 | 填入濕性糖霜，待烘烤至全乾。 |

貝兒的禮服

Step 1
Step 2
Step 3
Step 4
Step 5
Step 6

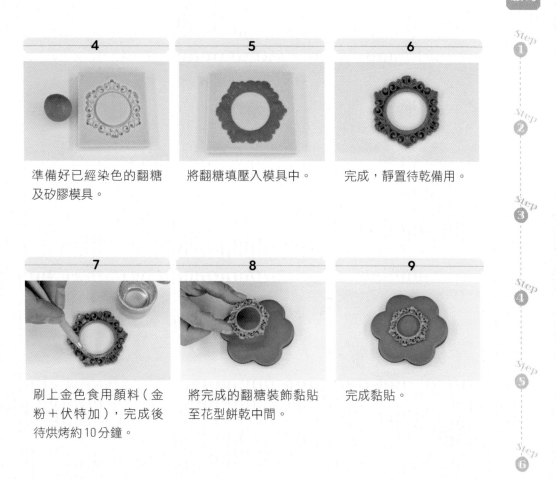

| 4 | 5 | 6 |
|---|---|---|
| 準備好已經染色的翻糖及矽膠模具。 | 將翻糖填壓入模具中。 | 完成,靜置待乾備用。 |

| 7 | 8 | 9 |
|---|---|---|
| 刷上金色食用顏料(金粉+伏特加),完成後待烘烤約10分鐘。 | 將完成的翻糖裝飾黏貼至花型餅乾中間。 | 完成黏貼。 |

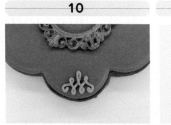

| 10 | 11 | 12 |
|---|---|---|
| 中性糖霜繪製裝飾線。 | 分別繪製在6個圓弧端。 | 繪製4個水滴裝飾。 |

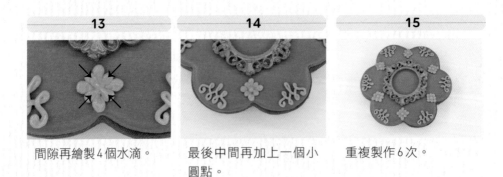

| 13 | 14 | 15 |
|---|---|---|
| 間隙再繪製4個水滴。 | 最後中間再加上一個小圓點。 | 重複製作6次。 |

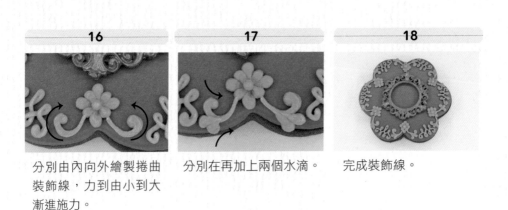

| 16 | 17 | 18 |
|---|---|---|
| 分別由內向外繪製捲曲裝飾線，力到由小到大漸進施力。 | 分別在再加上兩個水滴。 | 完成裝飾線。 |

| 19 | 20 | 21 |
|---|---|---|
| 在側邊藍色糖霜與餅乾貼合的位子，加上貝殼裝飾擠花。 | 擠繞周圍一圈，完成待烘烤至乾。 | 準備小圓餅乾跟6公分紙棒。 |

| 22 | 23 | 24 |
|---|---|---|
|  |  |  |
| 在餅乾洞內填入 8 分滿的糖霜。 | 將紙棒插入固定。 | 待烘烤至乾。 |

| 25 | 26 | 27 |
|---|---|---|
|  |  |  |
| 將另一個小圓餅乾黏貼至中心。 | 一樣將餅乾洞內填入 8 分滿的糖霜。 | 將步驟 24 已經固定好的餅乾,倒插入固定。 |

| 28 | 29 | 30 |
|---|---|---|
|  |  |  |
| 組裝完成。 | 將裝飾線刷上金色食用顏料(金粉+伏特加)。 | 中間也刷上金粉,完成待烘烤約 30 分鐘,即可將禮服放在底座上方。 |

Step
1

Step
2

Step
3

Step
4

Step
5

Step
6

# 海之貝禮服

聽，海祝福的聲音，
讚頌著誰又披上了美麗的新衣。

# 工具與色票

**工具
材料**

- ○ 1.Wilton 明膠
- ○ 0. 玉米粉
- ○ 3. 半圓形矽膠模具 7 公分
- ○ 4. 刨刀
- ○ 5. 食用色粉棕色
- ○ 6. 食用色粉尤加利藍
- ○ 7. 食用色粉奶黃色
- ○ 8. 食用色粉珍珠白
- ○ 9. 食用色粉蜜桃色

- ○ 10. 食用色粉腮紅粉
- ○ 11. 白色裝飾糖珠
- ○ 12. 翻糖矽膠模具
- ○ 13. 小毛圭筆
- ○ 14. 筆針
- ○ 15. 食用色素筆
- ○ 16. 長條紙片 1x13.5 公分
- ○ 17. 小湯匙
- ○ 18. 紙棒 6.5 公分

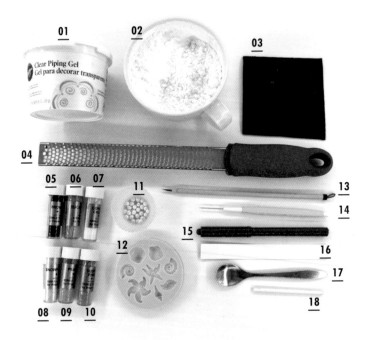

## 裸餅

餅乾模板
P.230、P.232
《使用薑餅配方》

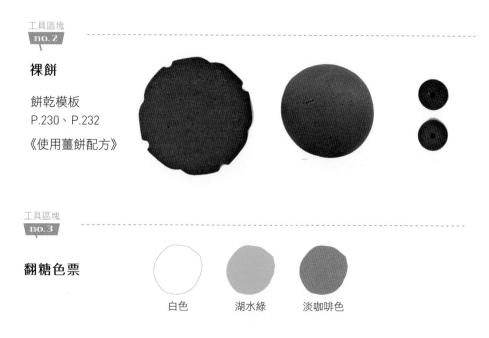

## 翻糖色票

| 白色 | 湖水綠 | 淡咖啡色 |

## 糖霜濃度＆色票

濃度

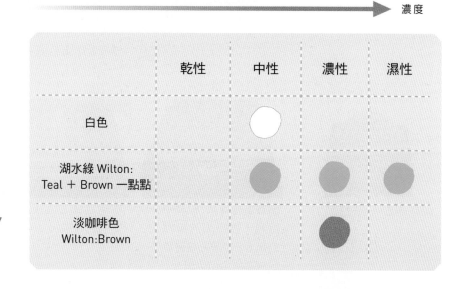

| | 乾性 | 中性 | 濃性 | 濕性 |
| --- | --- | --- | --- | --- |
| 白色 | | ○ | | |
| 湖水綠 Wilton: Teal + Brown 一點點 | | ● | ● | ● |
| 淡咖啡色 Wilton:Brown | | | ● | |

顏色

# LET'S DO IT !!

## Step ① 禮服

### 1

**準備蓬裙模板：**
7公分半圓形餅乾、
長條紙片1×13.5公分。

### 2

將餅乾放在模板的正上
方，在餅乾上方正中心
位子做記號。

### 3

使用紙片對準圓心連
線，距離底部預留1公
分留白。

### 4

先分割為4等份。

### 5

隨性繪製4～6條分線。

### 6

在繪製裙襬下擺，注意
要高低穿插。

### 7

完成蓬裙草圖繪製。

### 8

**刷繡蕾絲效果：**使用中性
糖霜，擠出來的粗細大
約是0.2公分，在餅乾下
緣繪製出倒ㄇ字型。

### 9

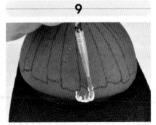

使用筆刷往上刷出半
透明的效果。

| 10 | 11 | 12 |
|---|---|---|
| 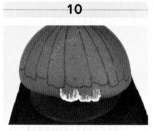 |  | 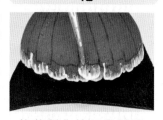 |
| 沿著底部重複動作，寬度隨性。 | 繞行一圈。 | 接著製作第二層刷繡蕾絲。 |

| 13 | 14 | 15 |
|---|---|---|
|  |  | 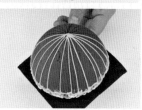 |
| 繞行一圈，待烘烤約 10 分鐘。 | 使用中性糖霜描繪邊線。 | 先描繪一半。 |

| 16 | 17 | 18 |
|---|---|---|
|  |  0.5cm |  |
| 濃性糖霜填色，由上往下填色。 | 跳格繪製，注意在填色時，預留底部約 0.5 公分的位置不要填色，糖霜會自動向下流，使用筆針調整即可。 | 填色完成待烘烤約 30 分。 |

### 19

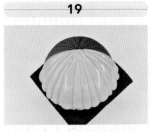

進行第二次填色，待烘烤約30分。

### 20

重複步驟14～19動作。

### 21

完成待烘烤至全乾。

### 22

完成烘烤的成品。

### 23

將禮服黏貼至蓬裙上（上衣製作方式可參考貝兒的禮服 P.154）。

### 24

在上衣中間填入少許濃性糖霜約 1 分滿即可，待烘烤約20分。

### 25

**準備食用色粉**：尤加利藍，在蓬裙的褶皺間細間刷色，由下往上刷，底部顏色要重些。

### 26

由上衣底端往下刷色。

### 27

蓬裙經刷色後更有立體感。

### 28

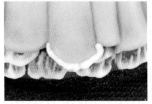

使用中性糖霜，沿著裙擺擠糖霜。

### 29

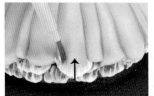

使用筆刷由下往上做刷繡效果，宛如浪花般。

### 30

重複動作完成裙擺第一層刷繡。

### 31

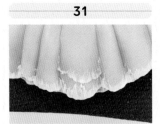

第二層刷繡，比照第一層方式製作。

### 32

完成共兩層裙擺刷繡。

### 33

在上衣與蓬裙交界處，擠上中性糖霜。

### 34

往下刷繡。

### 35

完成。

### 36

輕點方式擠出糖霜作出小碎鑽效果。

**37**

禮服上緣處,使用中性
糖霜擠上圓點。

**38**

使用筆刷往下刷。

**39**

完成上緣刷繡效果,
在胸口位子繪製碎鑽。

**40**

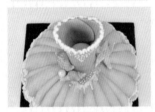

將事先製作好的貝殼(貝
殼的製作方法見 P174)
搭配糖珠黏貼至腰間裝
飾,待烘烤約20分鐘。

**41**

在有刷繡的位子,隨性
刷上珍珠白食用色粉
(珍珠白食用色粉＋伏
特加)。

**42**

禮服有珠光感。

**43**

完成待烘烤約15分鐘。

# Step ② 底座

### 1
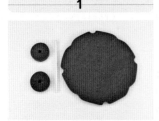

準備底座餅乾，小圓餅乾 X 2，紙棒6.5公分。

### 2

禮服支架製作：在小圓餅乾中填入中性糖霜。

### 3

將紙棒插入固定。

### 4

烘烤至乾備用。

### 5

使用刨刀將另一片小圓側邊直角磨平。

### 6

將其黏貼至底座餅乾上，使用色素筆繪製草圖，右邊是沙灘，左邊是海洋。

### 7
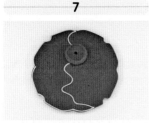

中性糖霜描邊框。

### 8
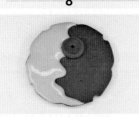

填入濕性糖霜，待烘烤約40～60分鐘。

### 9

讓糖霜呈現外乾內濕，半乾裝態，再使用有弧度的小湯匙，於上方輕壓。

**10**

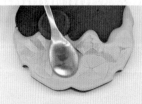

壓出下凹龜裂效果，做出海洋光影波光。龜裂效果需注意糖霜烘烤的時間，如**烘烤時間短**：糖霜表面不夠乾，糖霜壓出來的效果會呈細小龜裂。**烘烤時間長**：糖霜呈現全乾，將無法壓出破碎龜裂紋路。

**11**

待烘烤至全乾。

**12**

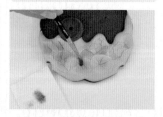

準備食用色粉尤加利藍，在下凹處刷色，由內向外，刷出漸層感。

**13**

完成刷色，將事先製作好的禮服支架黏固。

**14**

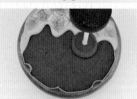

濃性糖霜描繪邊框。

**15**

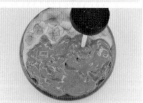

**沙灘製作**：濃性糖霜填滿底座，特意留下擠出的紋路，無須將糖霜調整平坦。

**16**

將製作好的貝殼，隨意黏貼上。

**17**

將餅乾砂覆蓋在糖霜上。

**18**

待烘烤約30分。

| 19 | 20 | 21 |
|---|---|---|

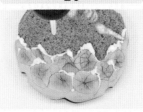

**19**
使用筆刷將海洋上方的餅乾砂清乾淨。

**20**
**浪花效果製作**：使用中性糖霜沿著沙灘交界處擠，並在海洋上方龜裂處高點也擠上糖霜。

**21**
再用筆刷刷繡，即可做出浪花效果，待烘烤約15分鐘。

| 22 | 23 | 24 |
|---|---|---|

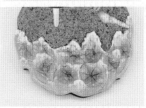

**22**
**海洋波光效果**：筆刷沾取明膠。

**23**
直接塗在海洋上方，沾取的量可以多一些。

**24**
利用明膠是透明半固態的特性，再搭配刷色，可簡單地做出波光光影效果。

| 25 | 26 | 27 |
|---|---|---|

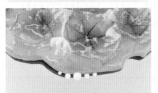

**25**
底座完成，不用再烘烤，明膠久放會自然變乾揮發，漸漸失去光澤感。

**26**
在底座側邊的位置，擠上小圓點裝飾，小圓點的排列順序為：
**小→中→大→中→小**。

**27**
依序繞擠一圈，待烘烤約20分。

## Step ❸ 翻糖貝殼

### 1
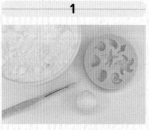

**準備工具**：貝殼造型矽膠模、白色翻糖、筆刷、玉米粉。

### 2

在矽膠模內刷上少量的玉米粉，可使翻糖容易取出。

### 3
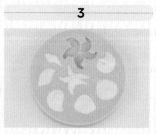

將翻糖壓入模具中。

### 4

取出的貝殼可先放置陰乾變硬，再使用。

### 5

取少量的色粉放置在衛生紙上沾取使用。

### 6

沾取棕色，順著貝殼上的紋路繪製。

### 7
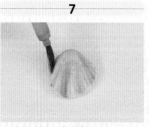

沾取粉紅色刷色。

### 8

沾取少許黃色局部刷色。

### 9

最後刷上珍珠白。

### 10
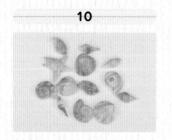

其他貝殼比照一樣方式刷色，可自由搭配色粉。

# 午後檸夏

偷偷將一點檸檬，
擰進陽光灑落的午後，
讓這個夏天多了一點酸甜的滋味。

# 工具與色票

**工具
材料**

○ 1. 半圓矽膠模 6 公分

○ 2. 食用色粉秋天金

○ 3. 食用色粉奶黃色

○ 4. 食用色粉棕色

○ 5. 調色盤

○ 6. 伏特加（70%以上）

○ 7. 花嘴 16 號

○ 8. 花嘴 18 號

○ 9. 韓國花嘴 101 號

○ 10. 韓國花嘴 264 號

○ 11. 80 號砂紙

○ 12. 小抹刀

○ 13. 小毛圭筆

○ 14. 筆針

○ 15. 尖鑿子

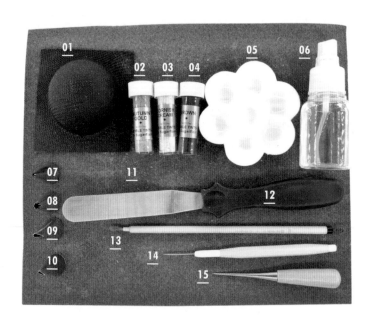

**裸餅** 餅乾模板 P.234
《使用薑餅配方》

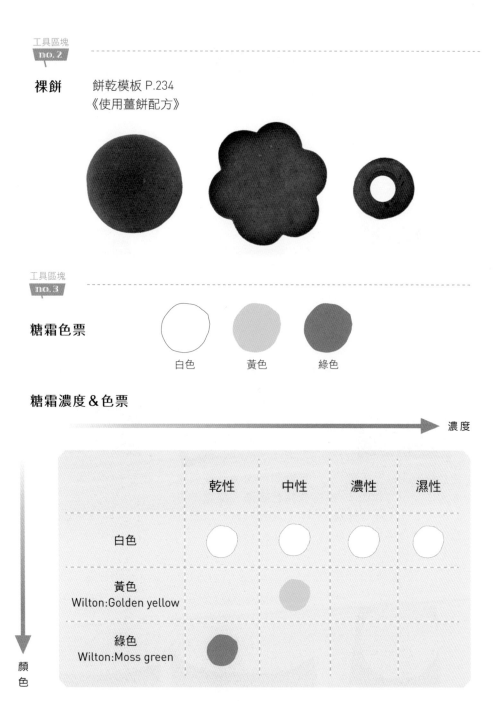

**糖霜色票**

白色　　黃色　　綠色

**糖霜濃度＆色票**

濃度

|  | 乾性 | 中性 | 濃性 | 濕性 |
|---|---|---|---|---|
| 白色 | ○ | ○ | ○ | ○ |
| 黃色<br>Wilton:Golden yellow |  | ● |  |  |
| 綠色<br>Wilton:Moss green | ● |  |  |  |

顏色

# LET'S DO IT !!

## Step ① 杯子

**1**

準備6公分半圓形餅乾。

**2**

使用濃性糖霜（流動速度約10秒左右），擠花口距離餅乾約0.5公分高度，由頂端開始擠。

**3**

由中心向外擠，力道要平均，糖霜厚度才會一致。

**4**

由於餅乾為曲面，糖霜會因地吸引力關係，自然地往下流，所以盡量減少移動及搖晃才能降低糖霜往下流的量。

**5**

當糖霜已經覆蓋整個整個餅乾表面，糖霜不再往下流動時，使用蛋糕小抹刀，切齊底部。

**6**

刮除多餘糖霜。

**7**

待烘烤至全乾約2小時。

**8**

**檸檬浮雕繪製：**
使用濃性糖霜擠一個直徑約0.5公分的圓形。

**9**

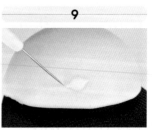

使用筆針在圓形左右向外稍微拉尖，做出檸檬形狀。

| 10 | 11 | 12 |
|---|---|---|
|  |  | 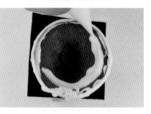 |
| 大小檸檬穿插。 | 繞行一圈,待烘烤至全乾。 | 將餅乾翻過來,固定在矽膠模上,內緣進行淋面。 |

| 13 | 14 | 15 |
|---|---|---|
|  |  |  |
| 糖霜覆蓋剩下中間約 3 公分左右,就不要再擠糖霜,讓糖霜自然往中間覆蓋。若沒覆蓋完全再補糖霜即可。 | 烘烤至全乾,建議隔日使用較佳,因確保糖霜完全乾,硬度高才能在上面刻畫龜裂紋路。 | 若餅乾邊緣不平整,需磨平才不會影響後面的裝飾。 |

| 16 | 17 | 18 |
|---|---|---|
|  |  |  |
| 使用砂紙以旋轉的方式將邊緣不平的糖霜磨平整。 | 將側邊糖霜切齊餅乾。 | 使用乾性糖霜搭配 18 號花嘴,以45度角拿取。 |

**19**

以側螺旋方式擠繞。

**20**

沿著邊緣繞行一圈。

**21**

更換成花嘴101號，貼
在螺旋裝飾邊擠，花
嘴上端朝。

**22**

擠出單片扇形，再做串
連。

**23**

沿邊繞擠。

**24**

以中性糖霜擠小圓點裝
飾。

**25**

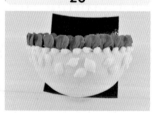

沿邊繞擠。

**26**

貝殼擠花收邊。

**27**

在杯內也繪製檸檬浮
雕，待烘烤至全乾。

| 28 | 29 | 30 |
|---|---|---|
|  |  |  |

**檸檬水彩風彩繪**
準備色膏有：
檸檬黃、金黃色、綠色、
棕色、酒紅色，以及伏特
加、調色盤、小毛圭筆。

將色膏用伏特加稀釋，
將調淡顏色，在檸檬浮
雕上先上一層淡黃色
（檸檬黃＋金黃色）。

將顏色加重，再疊上
第二層顏色。

| 31 | 32 | 33 |
|---|---|---|
|  |  | 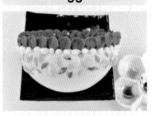 |

空白處繪製葉子。
**第一層**：檸檬黃加少許
綠色。

**第二層**：原有的黃綠色再
加入更多的綠色，局部
疊色。

**第三層**：使用綠色做局
部疊色。

### 34

使用酒紅色加伏特加調
製，在空白處隨性繪製
紅色果實。

### 35

顏色調深做第二層疊色。

### 36

最後使用棕色勾勒檸檬
及葉子跟葉脈部分。

### 37

別忘記內緣的檸檬也要
彩繪喔！

### 38

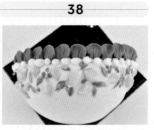

待烘烤約20分鐘。

### 39

準備尖鑿子及已經彩繪
好的餅乾。

### 40

使用尖鑿子在表面刻畫
龜裂紋。

### 41

刻畫的力道要大些，刻
出來的紋路才會深。

### 42

內緣也需要刻畫龜裂。

| 43 |
|---|

**準備食用色粉：**
奶黃色、秋天金、棕
色、筆刷、杯子半成品。

| 44 |
|---|

先沾取奶黃色粉刷色。

| 45 |
|---|

再刷上秋天金及棕色
粉，色粉會卡進龜裂刻
痕加深紋路。

| 46 |
|---|

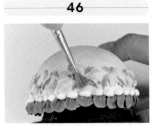

浮雕部分也要刷色。

| 47 |
|---|

使用衛生紙擦拭表面，
擦掉多餘的色粉，也讓
色粉與表面更服貼。

| 48 |
|---|

完成刷色正面。

| 49 |
|---|

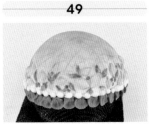

完成刷色側面。

| 50 |
|---|

完成刷色內杯緣。

## Step ② 杯子底座

### 1

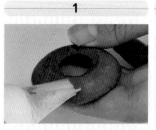

使用硬糖霜搭配 101 號花嘴。

### 2

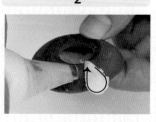

花嘴貼齊餅乾面,擠出一瓣。

### 3

第二瓣疊至第一瓣下面。

### 4

繞擠一圈。

### 5

上端擠貝殼裝飾。

### 6

繞擠一圈,烘烤至全乾。

### 7

**刷上食用色粉:**
順序為奶黃色、秋天金、棕色。

### 8

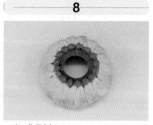

完成刷色。

# Step ③ 杯把糖片

| 1 |
|---|
|  |
| 準備糖片模板。（P.234） |

| 2 |
|---|
|  |
| 乾性糖霜搭配 16 號花嘴（花嘴 90 度拿取），距離模板 0.3 公分。 |

| 3 |
|---|
|  |
| 繪製順序 1。 |

| 4 |
|---|
|  |
| 繪製順序 2。 |

| 5 |
|---|
|  |
| 繪製順序 3。 |

| 6 |
|---|
|  |
| 繪製順序 4。 |

| 7 |
|---|
|  |
| 繪製順序 5，待烘烤至全乾。 |

| 8 |
|---|
| 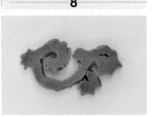 |
| 將烘烤完成的糖片翻至背面。 |

| 9 |
|---|
|  |
| 重複步驟 3 繪製順序。 |

| 10 |
|---|
|  |
| 完成繪製，烘烤至全乾。 |

| 11 |
|---|
|  |
| 烘烤完成的糖片，正反兩面都可以看到紋路。 |

# Step ④ 盤子

|   |   |   |
|---|---|---|
| **1** | **2** | **3** |

花形餅乾。

使用直徑 2.5 公分圓形，在距離餅乾緣 0.5 公分位置做記號。

繪製縮小版花型。

|   |   |   |
|---|---|---|
| **4** | **5** | **6** |

將單片花瓣分成 3 等份做記號。

使用直徑 6 公分圓形，從外圍向圓心繪製弧線。

按 3 等份記號繪弧線。

|   |   |   |
|---|---|---|
| **7** | **8** | **9** |

依此列推繪製弧線。

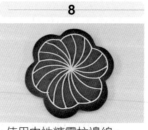

使用中性糖霜拉邊線。

濕性糖霜跳格填色，烘烤至半乾。

| 10 | 11 | 12 |
|---|---|---|
|  |  |  |
| 將剩餘空位補上糖霜，完成後，烘烤至全乾。 | 將剩餘空位補上糖霜，完成後，烘烤至全乾。 | 花嘴以波浪方式移動。 |

| 13 | 14 | 15 |
|---|---|---|
|  |  |  |
| 沿著預留的位置連續擠擠花。 | 繞擠一圈。 | 黃色中性糖霜擠出貝殼裝飾邊，烘烤至全乾。 |

| 16 | 17 | 18 |
|---|---|---|
|  |  |  |
| **準備食用色粉：**<br>秋天金、棕色。 | 由縫隙凹朝處向外刷。 | 如想要有復古舊舊感覺，可以加重棕色。 |

## Step ⑤ 組裝

### 1

準備半圓形杯子及底座。

### 2

底座內圈擠中性糖霜。

### 3

將底座黏貼至半圓形餅乾正中間。

### 4

再將中間鏤空的洞補滿糖霜，加強固定。

### 5

待烘烤至全乾。

### 6

準備杯把糖片。

### 7
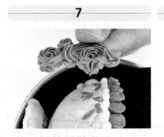

擠一點糖霜做黏貼。

### 8
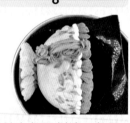

黏貼在杯子側邊，杯子可放置在矽膠模上固定。

### 9
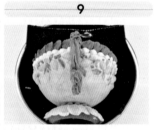

杯把垂直杯子表面，待烘烤至全乾。

**10**

杯子配件黏貼完成。

**11**

再將杯子放置在盤子上
面，即可完成組裝。

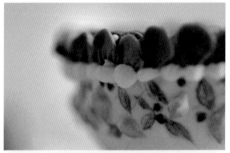

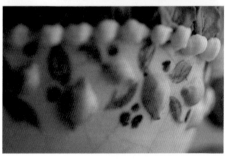

# 肉多多盆栽

身上的刺，是我傲嬌的偽裝，
只有你才知道，飽滿身軀的養成，
來自於幸福的養份。

# 工具與色票

**工具
材料**

○ 1. 花嘴 3 號
○ 2. 花嘴 10 號
○ 3. 花嘴 13 號
○ 4. 花嘴 101 號
○ 5. 韓國花嘴 264 號
○ 6. 花嘴 352 號
○ 7. 半圓形矽膠模 6 公分
○ 8. 半圓形矽膠模 4 公分

○ 9. 花釘座
○ 10. 花釘
○ 11. 伏特加（70% 以上）
○ 12. 食用金粉
○ 13. 饅頭紙
○ 14. 小毛圭筆
○ 15. 小抹刀
○ 16. 砂紙 80 號

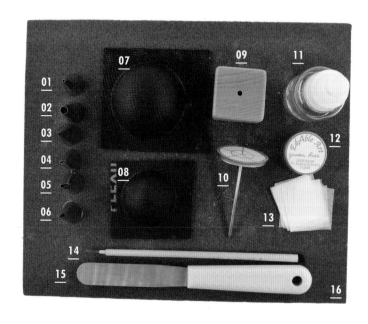

## 裸餅

餅乾模板 P.235
《使用薑餅配方》

## 翻糖色票

綠色　檸檬黃　黃色　檸檬綠　綠色　深綠色　紫色　酒紅色　灰色

## 糖霜濃度 & 色票

濃度 →

↓ 顏色

| | 乾性 | 中性 | 濃性 | 濕性 |
|---|---|---|---|---|
| 白色 | | ○ | ○ | |
| 檸檬黃 Wilton:Lemon yellow | ● | | | |
| 黃色 Wilton:Golden yellow | ● | | | |
| 檸檬綠 Ac:Chocolate Brown ＋竹炭粉 | ● | | | |
| 綠色 Wilton:Moss green ＋ Wilton:Brown | ● | | | |
| 深綠色 Wilton:Moss green ＋ Wilton:Brown | ● | | | |
| 紫色 Wilton:violet | ● | | | |
| 酒紅色 Wilton:Burgundy | ● | | | |
| 灰色少量竹炭粉 | | | ● | |

# LET'S DO IT !!

## Step 1 仙人掌

**1**

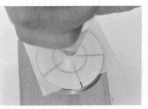

準備 10 號花嘴（90 度拿取），距離花釘面約 1 公分。

**2**

擠出一個圓柱狀基座，高度約 2～3 公分，可依個人喜好製作。

**3**

使用 101 花嘴，（90 度拿取），寬口端貼著圓柱。

PS. 花嘴口説明

**4**

貼著圓柱，垂直 90 度往上順擠，擠至頂端。

**5**

在對角的位置 2 上，以一樣的方式重複擠出。

**6**

再重複動作擠出 3 & 4，將圓柱分成 4 等份。

**7**

將 4 等份空位處補上。

**8**

每個空位約可再補 3 個。

**9**

將空的位置全補上。

肉多多盆栽

Step ①
Step ②
Step ③
Step ④
Step ⑤
Step ⑥
Step ⑦
Step ⑧

| 10 | 11 |
|---|---|

使用中性糖霜在側邊擠出小點末端微尖。

完成後烘烤至全乾。

## Step ② 多肉玫瑰

| 1 | 2 | 3 |
|---|---|---|

 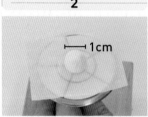 

**顏色搭配**：綠色＋檸檬黃＋白色，輕拌混色。

擠約 1 公分的基座。

使用韓國 264 花嘴，花嘴寬口端朝上拿取。

| 4 | 5 | 6 |
|---|---|---|

 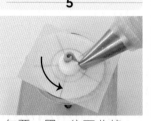 

由圓心出發。

包覆一圈，往下收掉，花釘同時逆時針方向旋轉，做出花心部分。

花嘴貼合花心。

| 7 | 8 | 9 |
|---|---|---|

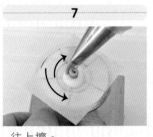

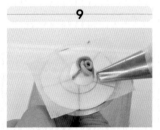

往上擠。

再往下收,做一個倒U動作。

第二片與第一片重疊三分之一。

| 10 | 11 | 12 |
|---|---|---|

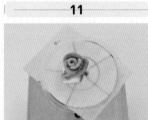

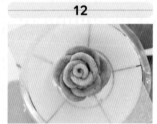

共三片圍一圈。

製作第二圈,花嘴寬端稍微向外傾斜,才能做出開花的效果。

重複包覆,共作5片,圍成一圈,整體維持圓形。

## Step ③ 松果多肉

| 1 | 2 | 3 |
|---|---|---|

**顏色搭配**:綠色+酒紅色,輕拌混色。

使用韓國花嘴264花嘴,花嘴窄口端朝上。

平擠轉兩圈,做出基座。

| 4 | 5 | 6 |
|---|---|---|
| 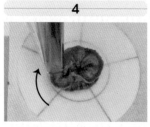 | 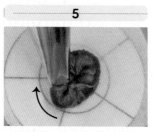 | 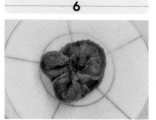 |
| 由中心出發，向外擠做出一瓣狀，花瓣需要超出下方的基座。 | 再向圓心收，完成一片。 | 接連幾出第二片。 |

| 7 | 8 | 9 |
|---|---|---|
| 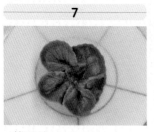 |  |  |
| 第三片。 | 第四片。 | 第五片。 |

| 10 | 11 | 12 |
|---|---|---|
|  | 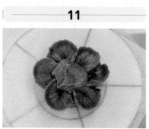 |  |
| 第六片，圍成一圈完成第一層。 | 在中心擠出第二層基座。 | 第二層花瓣需比第一層內縮一點，花瓣位置與第一層花瓣錯開。 |

Step 1
Step 2
Step 3
Step 4
Step 5
Step 6
Step 7
Step 8

| 13 | 14 | 15 |
|---|---|---|
|  | 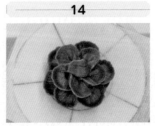 | 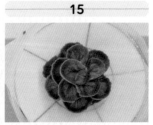 |
| 一樣做出5片。 | 第三層基座。 | 第三層花瓣也需比第二層內縮一點，花瓣位置與第二層花瓣錯開。 |

| 16 | 17 |
|---|---|
|  |  |
| 第三層第二片花瓣。 | 製作第三瓣時，花嘴角度由平躺漸變至垂直，在圓心繞擠一圈。 |

## Step ④ 尖石蓮

| 1 | 2 | 3 |
|---|---|---|
| 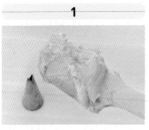 | 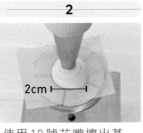 | 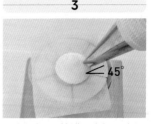 |
| **顏色搭配**：蘋果綠色＋黃色，輕拌混色。 | 使用10號花嘴擠出基座：寬2公分，高1公分。 | 使用352花嘴，以45度角拿取。 |

| 4 |
|---|
| 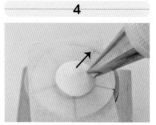 |

往外拉出第一片,長度約一公分。

| 5 |
|---|
|  |

保持相同角度與尺寸重複製作,與前一片稍微重疊。

| 6 |
|---|
|  |

繞擠一圈。

| 7 |
|---|
|  |

在兩片中間處擠出第二圈,傾斜角度比第一圈略高一些。

| 8 |
|---|
|  |

完成第二圈繞擠。

| 9 |
|---|
|  |

第三圈角度再高些。

| 10 |
|---|
|  |

第四圈以二、三片做結束。

| 11 |
|---|
|  |

完成。

Step  1
Step  2
Step  3
Step  4
Step  5
Step  6
Step  7
Step  8

# Step ⑤ 千佛手

## 1

**顏色搭配**：綠色＋白色，輕拌混色。

## 2

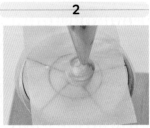

使用3號花嘴，製作1公分基座。

## 3

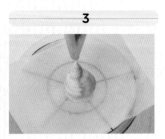

由頂端開始，垂直往上拉尖，形狀像水滴。

## 4

圍繞中心擠第二圈。

## 5

大小高度須一致。

## 6

在兩個中間處，擠出第三圈。

## 7

花釘稍微傾斜拿，會較容易擠。

## 8

完成。

## Step ⑥ 姬玉露

**1**

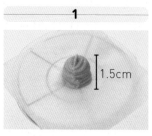

1.5cm

使用花嘴 264，擠出 1.5 公分高基座。

**2**

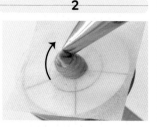

花嘴窄口端朝上拿取。（在基座上擠）。

**3**

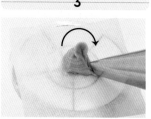

作倒 U 手勢，往下收力道切斷。

**4**

再做出第二片。

**5**

第一層共 3 片繞一圈。

**6**

在第一層兩片中間處，開始擠出第二圈，高度略低於第一層。

**7**

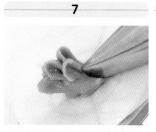

維持高度大小，繞擠一圈。

**8**

共製作 3 層。

**8**

完成。

Step 1
Step 2
Step 3
Step 4
Step 5
Step 6
Step 7
Step 8

# Step ⑥ 大理石盆

| 1 |
|---|

**大理石紋路效果**：白色濃性霜再加上一點深灰色濃性糖霜（深灰色可依個人喜好，調製深淺）。

| 2 |
|---|

使用牙籤稍微攪拌。

| 3 |
|---|

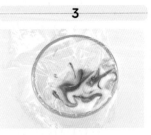

全部倒入三明治袋。

| 4 |
|---|

從側邊可看出明顯的灰白紋路。

| 5 |
|---|

準備烤好的 6 公分半圓形薑餅、大理石紋糖霜、小抹刀。

| 6 |
|---|

三明治袋的花嘴口需裁剪約 0.5 公分大小，（太小的話會過度擠壓大理石紋理漸層），由中心向外擠，力道。

| 7 |
|---|

糖霜覆蓋距離底部約 1 公分左右。

| 8 |
|---|

左右輕晃即可全部覆蓋。

| 9 |
|---|

稍微靜置。

Step
1

Step
2

Step
3

Step
4

Step
5

Step
6

Step
7

Step
8

| 10 | 11 | 12 |
|---|---|---|
|  | 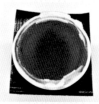 |  |
| 使用蛋糕小抹刀，切齊底部，刮除多餘的糖霜。 | 烘烤至全乾（約4小時）。烘烤完，如能放置隔日再使用更好。 | 完成淋面後的餅乾，邊緣會有不平整的糖霜。 |

| 13 | 14 | 15 |
|---|---|---|
|  | 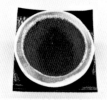 |  |
| 使用砂紙以旋轉的方式，將邊緣不平的糖霜磨平整。 | 將側邊糖霜切齊餅乾。 | 準備調製好的食用金粉。 |

| 16 | 17 | 18 |
|---|---|---|
|  |  |  0.3cm |
| 將邊緣刷上食用金粉。 | 內圈也刷上金粉，刷色高度約1公分。 | 外圍側邊也刷上金粉，高度約0.3公分。 |

## Step ⑦ 底座

| 1 | 2 | 3 |
|---|---|---|
|  |  |  |
| 準備底座餅乾跟金色食用調製色粉。 | 餅面整個刷色。 | 完成刷色,待烘乾15分。 |

## Step ⑧ 組裝

| 1 | 2 | 3 |
|---|---|---|
| 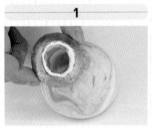 | 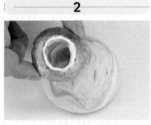 |  |
| 準備好半球形跟底座。 | 在底座上方擠中性糖霜,做黏貼使用。 | 黏貼在半球形中間頂端,稍作烘烤固定。 |

| 4 | 5 | 6 |
|---|---|---|
| 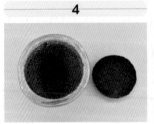 |  | 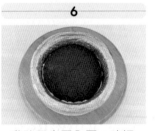 |
| 準備5公分圓形薑餅。 | 在外圍擠中性糖霜,做黏貼使用。 | 黏貼至半圓內圈,確認放置水平。 |

| 7 | 8 | 9 |
|---|---|---|
|  |  | |

準備已經烘乾完成的多肉糖花。

挑選適合的多肉糖花擺放。

在多肉糖花底部擠中性糖霜，糖霜的量多些，讓多肉能夠撐高，與底部保留一些空間（之後要填入餅乾粉）。

| 10 | 11 | 12 |
|---|---|---|
|  |  |  |

黏貼完成。

多肉組裝完，還會有些很大的縫隙，使用 13 號花嘴，擠出星型多肉。

稍微把縫隙擠滿，留一點空位。

| 13 | 14 | 15 |
|---|---|---|
|  |  |  |

使用中性糖霜在頂端點白色的小點。

縫隙填補完成。

**新玉綴**：使用 3 號花嘴，由內部沿著盆栽拉至外圍。

Step 1
Step 2
Step 3
Step 4
Step 5
Step 6
Step 7
Step 8

### 16
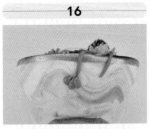
沿著基座擠出水滴裝飾。

### 17

依序排列。

### 18

延伸至盆栽內。

### 19
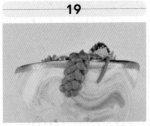
再重疊第二層,水滴稍微交疊。

### 20
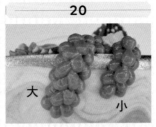
小的新玉綴擠法一樣,在第二層改擠單個排列。

### 21

完成,待烘烤至全乾。

### 22

準備餅乾砂(餅乾砂製作參考 P.117)。

### 23

將餅乾砂填入縫隙內。

### 24

由於縫隙小,可使用筆刷將餅乾砂刷入縫隙。

Step
①

Step
②

Step
③

Step
④

Step
⑤

Step
⑥

Step
⑥

Step
⑧

| 25 | 26 |
|---|---|
|  |  |
| 將多餘的餅乾砂刷掉。 | 完成。 |

# ─ 附錄 ─
## 各章節學習技巧

### 歐風玫瑰午茶
- 濕性玫瑰拉花
- 波浪邊飾擠花
- 刷金技巧

### 甜心杯子塔
- 立體杯塔製作
- 藍莓覆盆子擠花
- 花式奶油擠花裝飾

### 夢幻獨角獸
- 2D、18號花嘴擠花裝飾
- 翻糖獸角製作
- 翅膀糖片製作組裝

### 招財神貓
- 橘子、元寶、鈴鐺、糖片製作
- 愛素糖製作
- 雙色麻繩裝飾

### 森林小屋
- 仿舊木紋感、屋瓦製作
- 薰衣草繪製
- 兔子、香菇、木塊糖製作

### 落雨櫻
- 雨傘製作
- 櫻花擠花
- 鏤空蝴蝶糖片

### 貝兒的禮服
- 禮服製作
- 玫瑰擠花
- 古典裝飾紋路

### 海之貝禮服
- 仿真貝殼刷色技巧
- 海浪效果繪製
- 海洋波光製作

### 午後檸夏
- 水彩風繪製
- 茶杯製作

### 肉多多盆栽
- 多肉植物擠花
- 大理石紋路淋面

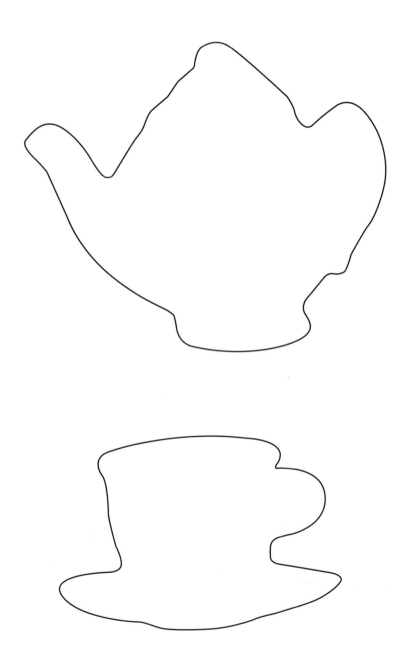

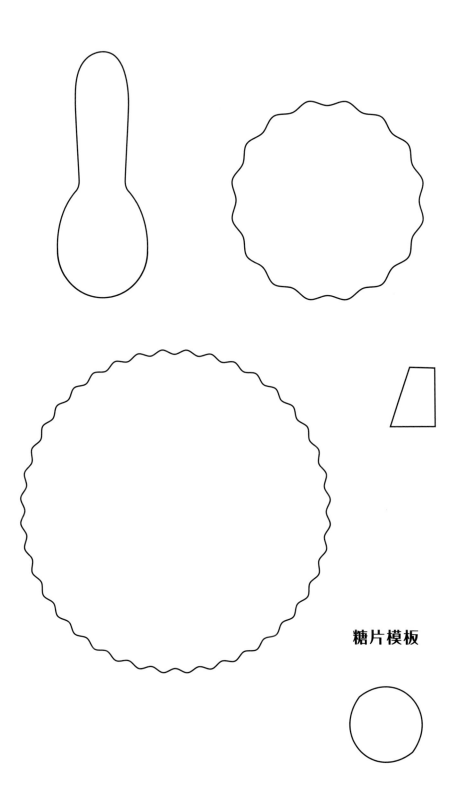

糖片模板

# 甜心杯子塔 P.49
## 餅乾模板

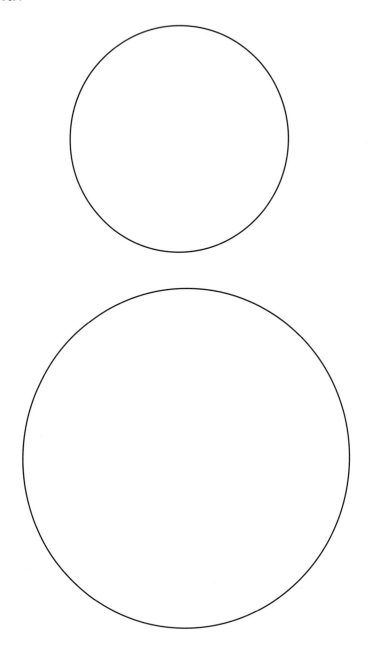

**糖片模板**

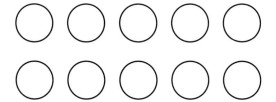

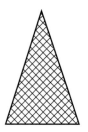

夢幻獨角獸 P.65
餅乾模板

**糖片模板**

招財神猫 P.81
餅乾模板

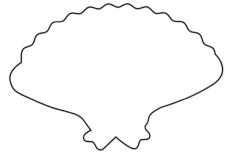

糖片模板

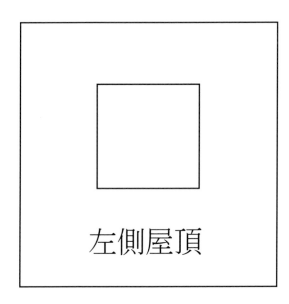

左側屋頂

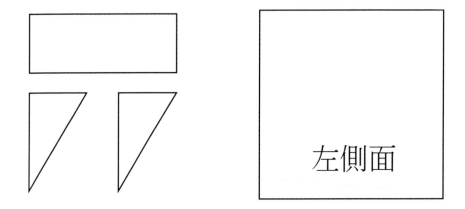

左側面

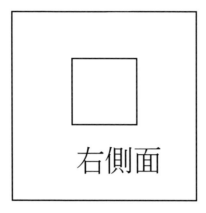

右側面

右側屋頂

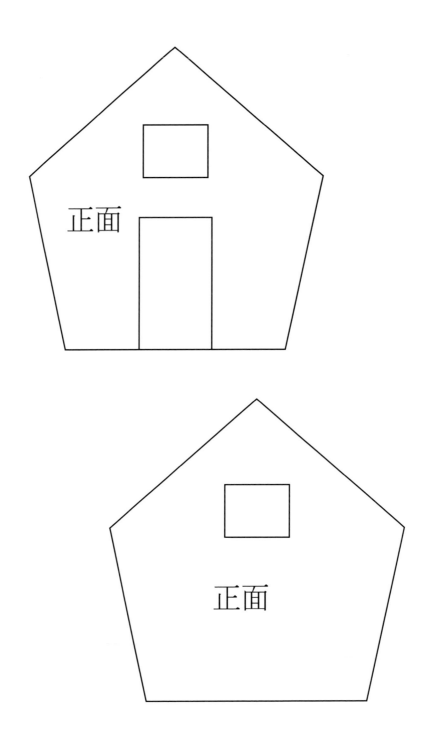

正面

正面

**糖片模板**

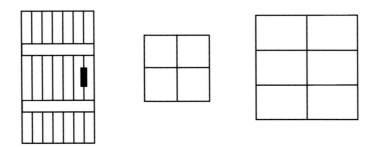

落雨櫻 P.127

餅乾模板

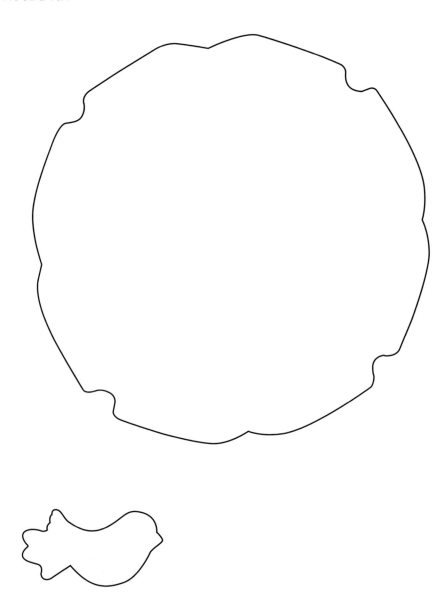

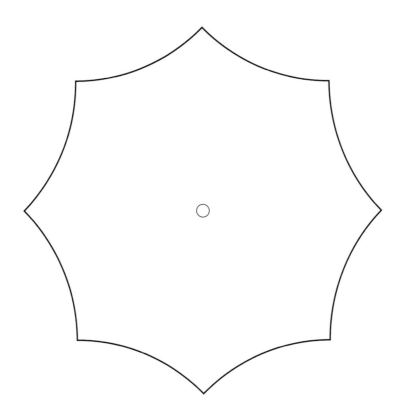

**糖片模板**

**餅乾模板**

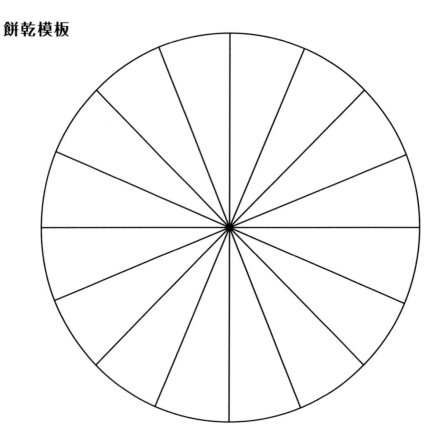

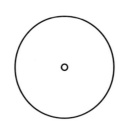

2
3
3

**餅乾模板**

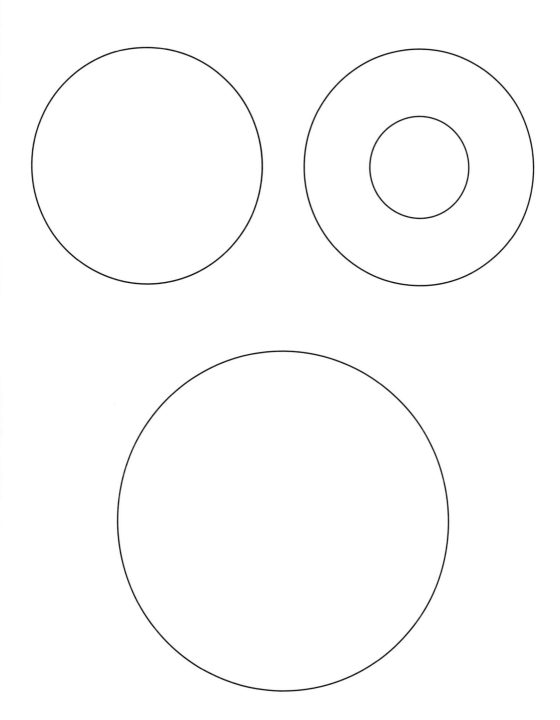

# NOTE

# NOTE

# NOTE

# NOTE

國家圖書館出版品預行編目（CIP）資料

超綺麗！甜貓教你玩 3D 立體糖霜：10 堂課創造屬於你的夢幻作品 /
甜貓小姐作 . -- 初版 . -- 新北市：文經社 , 2019.08
　面；　公分
ISBN 978-957-663-779-7（平裝）

1. 點心食譜

427.16　　　　　　　　　　　　　　108010000

## 腳丫文化

K88

# 超綺麗！甜貓教你玩 3D 立體糖霜：
# 10 堂課創造屬於自己的夢幻作品

| | |
|---|---|
| 作　　　者 | 甜貓小姐 Sugar Cat |
| 責 任 編 輯 | 文經社編輯部 |
| 封 面 設 計 | 羅啟仁 |

| | |
|---|---|
| 主　　　編 | 謝昭儀 |
| 出 版 社 | 文經出版社有限公司 |
| 地　　　址 | 24158 新北市三重區光復路一段 61 巷 27 號 11 樓 A（鴻運大樓） |
| 電　　　話 | （02）2278-3158、（02）2278-3338 |
| 傳　　　真 | （02）2278-3168 |
| E - m a i l | cosmax27@ms76.hinet.net |
| 法 律 顧 問 | 鄭玉燦律師 |
| 印　　　刷 | 科億印刷股份有限公司 |

| | |
|---|---|
| 發 行 日 | 2019 年 08 月 初版一刷 |
| 定　　　價 | 新台幣 380 元 |